fique por dentro da

FÍSICA MODERNA

Fique por dentro da FÍSICA MODERNA

JOHN GRIBBIN

Cosac & Naify

Título original em inglês: *Get a Grip on New Physics*

Direitos para publicação no Brasil adquiridos por
Cosac & Naify Edições Ltda.
Rua General Jardim, 770 2.º andar
Santa Cecília CEP 01223-010 São Paulo - SP
T (55 11) 255 8808 F (55 11) 255 3364
info@cosacnaify.com.br

Este livro foi concebido, projetado e produzido por The Ivy Press Limited, 2-3 St Andrews Place Lewes, East Sussex BN7 1UP, Inglaterra
Diretor de Arte: Peter Bridgewater
Designer: Angela English
Editor: Peter Leek
Ilustrações: Andrew Kulman

Tradução: Thomás A. S. haddad, doutorando em Física na Universidade de São Paulo.

Catalogação na Fonte do Departamento Nacional do Livro
Fundação Biblioteca Nacional

Gribbin, John
Fique por dentro da física moderna
Título original: *Get a Grip on New Physics*
São Paulo, Cosac & Naify Edições 2001

ISBN 85-7503-062-0
CDD: 507/375.500

1. Ensino da Ciência 2. Estudo da Ciência
3. Ensino da Ciência na escola secundária

Impresso em Hong Kong para Cosac & Naify Edições, em 2001.

SUMÁRIO

INTRODUÇÃO

A FÍSICA CLÁSSICA

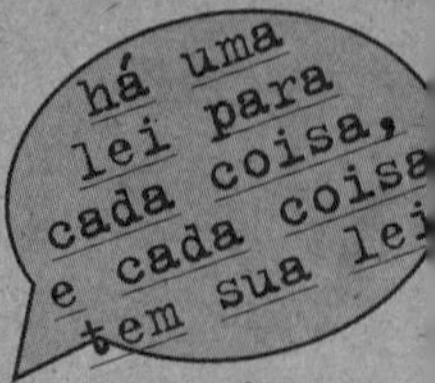

Isaac Newton

★ **A física moderna – ou, pelo menos, a primeira parte da física moderna – teve início com Isaac Newton, na segunda metade do século XVII. A coisa mais importante que Newton realizou foi proclamar que o Universo inteiro é regido por leis simples, que se aplicam também às coisas que acontecem aqui na Terra. O exemplo mais famoso disso é a sua LEI DA GRAVITAÇÃO, que explica tanto por que uma maçã despenca de uma árvore quanto por que a Lua permanece em órbita em torno da Terra – além de muitas outras coisas.**

FÍSICA CLÁSSICA E MODERNA

A física clássica é a que aprendemos na escola, aquelas leis que se aplicam aos objetos que conseguimos ver e nos quais podemos mexer, como carros e bolas de sinuca. A física moderna lida com coisas inacessíveis aos nossos sentidos, como átomos e buracos negros.

o telescópio de Newton

NEWTON E A GRAVIDADE

★ *Essa lei da natureza é o que chamamos de uma* LEI DO INVERSO DO QUADRADO *– a força de atração entre dois objetos depende do produto de suas massas dividido pelo quadrado da distância entre eles.* Assim, quando dobramos a distância entre dois objetos, a força se reduz a um quarto; quando triplicamos a distância, a força cai para um nono, e assim por diante.

★ Mas, a essa altura, a fórma da lei é menos importante para nós do que o próprio fato de existir uma lei precisa que descreve a ATRAÇÃO GRAVITACIONAL que atua entre dois objetos quaisquer no Universo – entre uma caneta em minha mesa e o gato do vizinho, entre a Lua e a Terra, entre duas galáxias em lados opostos do Universo, ou mesmo entre meu gato e uma galáxia distante.

ANTES DE NEWTON

* Antes de Newton entrar em cena, era freqüente que mesmo pessoas com mentalidade científica acreditassem que o Universo era regido por leis criadas pelos deuses, ou por Deus. Quando, em 1609, **Johannes Kepler** percebeu que alguma coisa mantinha os planetas em órbita em torno do Sol, ele a chamou de "força do Espírito Santo", e ninguém estranhou. ***O Universo parecia à mercê de forças misteriosas e incompreensíveis, que poderiam muito bem mudar a cada dia ou em cada lugar.***

o pêndulo de Newton

PALAVRAS-CHAVE

GRAVIDADE: força de atração entre duas massas.
GRAVITAÇÃO: influência que um objeto tem sobre os outros objetos do Universo, simplesmente por possuir massa.

Johannes Kepler (1571-1630)

Astrônomo alemão que descobriu as leis do movimento planetário, que ajudaram Newton a desenvolver sua teoria da gravitação. Kepler usou dados de observações dos planetas compilados por **Tycho Brahe** (1546-1601). Antes de conhecer Brahe em Praga, Kepler fora preparado para uma carreira na Igreja, e depois trabalhou como professor de matemática num seminário protestante, em Graz.

Isaac Newton (1642-1727)

Newton atuou em muitas áreas. Estudou alquimia (ainda quase respeitável na época) e teologia, e também foi membro do Parlamento britânico (chegou a receber o título de Cavaleiro do Reino por seu trabalho político, não pelo científico), além de Chefe da Casa da Moeda Real e Presidente da Royal Society. Newton cercava seu trabalho de grandes mistérios, e freqüentemente se metia em enormes confusões com outros cientistas sobre qual deles tivera uma certa idéia primeiro (em geral ele era o primeiro, mas não se dava ao trabalho de contar para ninguém!). Seu grande trabalho em física foi realizado antes dos 30 anos de idade, mas só foi publicado em 1687, por insistência de Edmond Halley. Por volta de 1690, Newton sofreu um colapso nervoso, e, ainda que tenha se recuperado a ponto de levar uma vida normal, nunca mais mexeu com ciência.

Edmond Halley

UM UNIVERSO PRECISO

* Depois de Newton, o Universo passou a ser entendido de modo bem diferente – como uma espécie de mecanismo de relógio muito preciso, em escala cósmica, com tudo acontecendo de modo previsível, de acordo com leis da física que poderiam ser determinadas por experimentos aqui na Terra. As leis poderiam ser divinas (Newton acreditava nisso), mas agora pelo menos eram vistas como sendo as mesmas, em qualquer lugar e a qualquer hora.

Newton identificou as leis do Universo

Newton sofreu um colapso por excesso de trabalho

LEIS FUNDAMENTAIS

★ *A previsibilidade do Universo newtoniano era baseada em três outras leis fundamentais descobertas por Newton.* Conhecidas como LEIS DE NEWTON PARA A MECÂNICA (ou leis do movimento), elas estão enunciadas em seu grande livro *Philosophiae Naturalis Principia Mathematica* (Os princípios matemáticos da filosofia natural), conhecido como *Principia*.

★ *Essas três leis formaram a base da física nos 200 anos seguintes – e ainda bastam para explicar a maneira como as coisas se comportam no mundo cotidiano, embora algumas coisas explicadas por elas (como o vôo de um jato, ou a viagem de uma sonda espacial ao planeta Júpiter) não tenham sido sequer imaginadas por Newton.*

A primeira lei de Newton

A primeira das três leis de Newton para a mecânica mostra claramente por que os físicos quase sempre têm de abrir mão do "senso comum" para entender como o mundo funciona. ***Ela afirma que qualquer objeto – e, por implicação, o Universo inteiro – ou fica parado ou permanece se movendo em linha reta, a não ser que alguma força lhe seja aplicada.*** Quanto a ficar parado, tudo bem, do ponto de vista do senso comum. Aqui na superfície da Terra a maioria das coisas realmente fica parada, a não ser quando damos um empurrãozinho. Mas, se dermos esse empurrão, elas certamente não ficarão se movendo em linha reta para sempre; acabarão desacelerando e finalmente parando.

PALAVRA-CHAVE

MECÂNICA: ramo da física que lida com a maneira como as coisas se movem e as forças que atuam sobre elas.

PARA A FRENTE...

isto pode continuar para sempre

★ A primeira sacada de Newton foi perceber que as coisas só param de se mover porque sofrem a ação de alguma força externa – a força do atrito. As coisas param porque elas estão em atrito com outras, ainda que essas outras coisas sejam apenas moléculas de ar.

Galileu percebeu que as bolinhas continuariam rolando se algo não as freasse

IRREFREÁVEL

Imagine alguma coisa parada no espaço vazio, que sofre um impulso repentino (algo bem fácil de imaginar hoje em dia, na era espacial, mas um tremendo esforço para a imaginação do século XVII). Ela vai passar a se mover em linha reta para sempre, a não ser que alguma outra força atue sobre ela.

...SEMPRE

★ Essa história de que o atrito faz as coisas pararem já era, na verdade, conhecida antes de Newton entrar na jogada. Em particular, **Galileu Galilei** já tinha percebido que as coisas deveriam continuar a se mover para sempre se nenhuma força externa atuasse sobre elas. Ele chegou a essa conclusão após realizar uma série de experimentos em que bolinhas rolavam por planos inclinados. ***As bolinhas rolavam para o horizonte, e Galileu percebeu que, sem atrito, elas rolariam para sempre.***

quem sabe onde esta bola vai parar?

...OU EM CÍRCULOS

* *Nesse ponto, Galileu fez uma extrapolação ousada, porém incorreta.* Como todas as pessoas cultas de seu tempo, ele sabia que a Terra é redonda. Assim, um objeto que se move sem parar, cada vez mais longe, deve estar seguindo uma trajetória circular em torno da superfície da Terra, e acabará voltando ao ponto de partida (pelo menos se não houver montanhas ou outros obstáculos em seu caminho!). ***Galileu então achou que havia uma lei fundamental da natureza segundo a qual os objetos seguiriam trajetórias circulares quando deixados à própria sorte.***

Galileu foi julgado por declarar que a Terra gira em torno do Sol

Galileu Galilei

Galileu Galilei (1564-1642)

Galileu foi a primeira pessoa a usar um telescópio para observar estrelas e planetas de modo científico. Começou a estudar medicina na Universidade de Pisa, mas largou o curso para se tornar um cientista. Suas observações astronômicas o tornaram famoso, e ele foi um dos primeiros cientistas a apoiar publicamente a idéia de que a Terra gira em torno do Sol. Como resultado, aos 69 anos de idade e com a saúde frágil, ele foi julgado por heresia, forçado a renegar suas teorias sob ameaça de tortura e confinado à prisão domiciliar para o resto de sua vida. A publicidade de seu julgamento numa Roma católica ajudou a assegurar que suas idéias fossem adotadas no norte europeu protestante.

PENSAMENTO CIRCULAR

espaçonaves em órbita seguem trajetórias circulares

★ Não creia em tudo que você vê na TV. Aquelas naves que parecem estar viajando num curso retilíneo estão na verdade em órbita em torno da Terra, movendo-se ao longo de trajetórias mais ou menos circulares. E as coisas que se movem em "linhas retas" dentro das naves – isto é, em linhas retas em relação às paredes da nave – também estão circundando a Terra.

Pensamento herético

Nicolau Copérnico (1473-1543), astrônomo polonês, foi o primeiro a propor a idéia de que é a Terra que gira em torno do Sol.

Nicolau Copérnico

NOVA, EXCITANTE E HERÉTICA

★ Galileu teria aceitado alegremente essas imagens da TV, pois elas reforçam seu argumento. De fato, a idéia de que o movimento circular era o estado natural das coisas pareceria particularmente convincente para Galileu e seus mais cultos contemporâneos, por causa de uma idéia relativamente nova, excitante e (literalmente) herética, proposta por **Nicolau Copérnico**, que dizia que os planetas – inclusive a Terra – movem-se em círculos em torno do Sol.

TUDO POR CAUSA DA GRAVIDADE

★ *Quando Newton disse que a tendência natural do Universo é que os objetos se movam em linhas retas, ele teve de explicar por que os planetas permanecem em órbita em torno do Sol e não escapam para o espaço.* É aí que entra a sua lei da gravitação, não apenas explicando como o Sol mantém as rédeas em sua família de planetas, mas também mostrando por que as órbitas dos planetas são na verdade elípticas, e não circulares – uma descoberta de Johannes Kepler, em 1609, que constrangeu Galileu.

★ *Tudo isso graças à lei da gravitação de Newton, a lei do inverso do quadrado. De modo mais preciso, essa lei diz que a força de* ATRAÇÃO, *operando entre duas massas, é igual ao produto das massas dividido pelo quadrado da distância entre elas (daí o termo "inverso do quadrado"), com tudo multiplicado por uma constante, conhecida como constante da gravitação, que é a mesma em qualquer ponto do Universo, a qualquer momento.*

★ A única maneira de encontrar o valor da constante da gravitação, que nos dá a intensidade da força gravitacional, é por meio de experimentos – mas depois que você conhece essa constante, o resto é fácil de calcular.

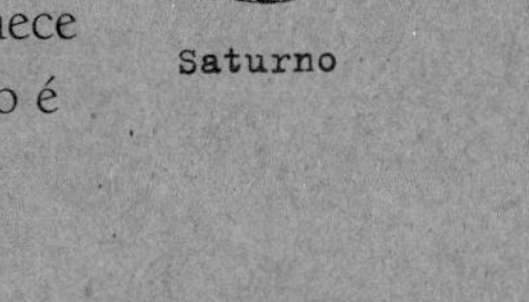

Saturno

PALAVRAS-CHAVE:

ATRAÇÃO: qualquer força que puxa um objeto para perto do outro.

MASSA: quantidade de matéria que há num objeto.

GRAVIDADE SIMPLIFICADA

O modo mais simples de visualizar o efeito da gravidade é imaginar uma pedra, com uma corda amarrada, sendo girada num círculo. A analogia não é exata, já que a pedra está se movendo num círculo, e não numa elipse. Mas a força que atua na pedra através da corda é como a força da gravidade: ela puxa a pedra para dentro e a mantém "em órbita". Se a corda se romper, a pedra sairá voando numa linha reta, tangente à sua "órbita".

A SEGUNDA LEI DE NEWTON

★ A segunda lei de Newton para a mecânica também aparece na jogada. Ela diz o quanto o movimento de um objeto é afetado por uma força aplicada a ele. Diz ainda que uma força aplicada a uma massa causa uma aceleração.

PALAVRAS-CHAVE

ACELERAÇÃO: qualquer mudança na rapidez do movimento de um objeto ou na sua direção, ou ambos.

VELOCIDADE: rapidez do movimento de um objeto numa direção específica.

QUEDA LIVRE: estado de ausência de peso, sentido (ou não!) por qualquer objeto se movendo apenas sob a influência da gravidade.

ACELERAÇÃO E VELOCIDADE

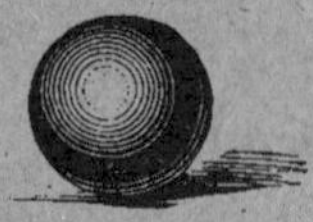

★ ACELERAÇÃO *significa uma mudança na* VELOCIDADE *de um objeto.* E a velocidade – que sempre se refere à rapidez do movimento numa dada direção – tem duas propriedades. A mudança de velocidade pode significar que a rapidez do movimento muda, como quando você pisa no freio e faz um carro parar. Ou pode significar que a direção do movimento muda, como quando você gira o volante e dobra uma esquina (ou quando uma pedra com uma corda amarrada gira num círculo).

★ *Assim, uma mudança na velocidade pode envolver uma mudança na rapidez sem qualquer mudança de direção, ou uma mudança de direção sem qualquer mudança na rapidez, ou pode envolver um pouco de ambos. Tudo isso é aceleração.*

se uma bala de canhão for disparada com força suficiente, ela vai dar a volta no planeta...

TIROS DE CANHÃO

eu sabia que estava dando voltas

★ *O próprio Newton fez uma analogia com um canhão superpoderoso sendo disparado do alto de uma montanha. Ignorando os efeitos do atrito, imagine tiros disparados horizontalmente pelo canhão, cada vez com mais força.*

★ A primeira bala voa um pouco em direção ao horizonte e daí vai para o solo, sugada em direção ao centro da Terra pela gravidade (na verdade ela segue uma trajetória curva, parabólica, entre o canhão e o solo). A próxima bala já vai um pouco mais longe antes que a gravidade consiga levá-la para o chão, e assim por diante.

★ *Mas lembre-se de que a Terra não é plana – ela vai se curvando diante da bala em seu vôo, que está, evidentemente, sendo sempre acelerada em direção ao centro da Terra. Como a superfície da Terra é curva, as balas voam mais do que voariam se a Terra fosse plana.* (Com efeito, disparar balas de canhão dessa maneira e medir até onde elas chegam seria um modo de provar que a Terra não é plana!)

Belo tiro!

Se o canhão for capaz de produzir um disparo suficientemente forte, a bala voadora vai dar a volta no planeta e atingir a traseira do canhão. Ela terá entrado em órbita. ***Como ela se move para a frente e cai um pouco o tempo todo, a queda é exatamente o suficiente para mantê-la em órbita – num estado às vezes conhecido como "queda livre".***

...e atingir a traseira do canhão

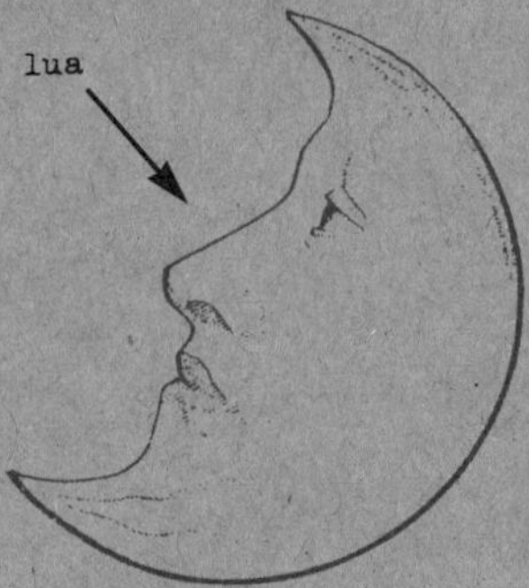

BALAS DE CANHÃO E A LUA

✱ Como a bala de canhão, a Lua está o tempo todo caindo e sempre acelerando, ainda que a rapidez com que percorre sua órbita não varie de modo considerável.

O puxão da gravidade

A órbita da Lua ao redor da Terra é um bom exemplo de aceleração que não muda a rapidez do movimento. A Lua "gostaria" de seguir uma linha reta, mas sempre que ela vai para a frente, mesmo um pouquinho, a força gravitacional da Terra puxa-a fortemente para baixo, tirando-a de uma linha reta. Esse puxão constante mantém a Lua em sua órbita.

PALAVRAS-CHAVE

AÇÃO:
(nas leis de Newton) uma força – algo que "age" sobre alguma coisa.

REAÇÃO:
força que "dá o troco" quando uma ação atua sobre uma coisa.

A MAÇÃ E A LUA

✱ A segunda lei de Newton diz que quando uma força F é aplicada a uma massa m ela causa uma aceleração, que pode ser expressa como $a = F/m$. *Quanto maior a força aplicada, ou quanto menor a massa sujeita à mesma força, maior a aceleração produzida.*

✱ Essa segunda lei do movimento, combinada com a lei do inverso do quadrado para a gravitação, explica tanto a aceleração produzida numa maçã caindo de uma árvore quanto a aceleração da Lua "caindo" em sua órbita ao redor da Terra. *Em ambos os casos, o motivo é o mesmo: a gravidade da Terra.*

A TERCEIRA LEI DE NEWTON

✱ A terceira (e última) lei de Newton também pode ser compreendida pensando no que acontece quando um canhão é disparado. A bala sai da boca do canhão e vai para longe, enquanto o próprio canhão vai um pouco para trás, na direção oposta.

a gravidade da Terra mantém a Lua em órbita

De modo similar, quando você dispara um rifle, sente um coice no momento em que ele recua. ✱ *Usando a palavra "ação" onde provavelmente diríamos "força", Newton salientou que para toda* AÇÃO *há uma* REAÇÃO *igual e oposta.* Uma obra-prima de concisão, essa lei contém grande quantidade de informação. Primeiro, ela diz que se você golpear alguma coisa, esta o golpeará de volta. Isso é bem fácil de testar. Se você esmurrar a mesa, sem dúvida sentirá a reação. A lei também diz que ação e reação são simultâneas.

a terceira lei de Newton para o movimento

IGUAL, OPOSTA E INSTANTÂNEA

A terceira lei de Newton também diz que a reação é igual e oposta à força inicial. A despeito disso, o canhão só recua um pouquinho, enquanto a bala vai embora – pois a mesma força está sendo aplicada a um objeto com muito mais massa, e a aceleração produzida é, lembre-se, proporcional à massa sobre a qual a força atua. Mas as forças em si (ação e reação) sempre se cancelam com precisão.

AÇÃO E REAÇÃO

* Há mais coisas sobre ação e reação do que você poderia supor. A igualdade entre ação e reação se aplica o tempo todo: a você mesmo e a tudo à sua volta. Você está sendo puxado para baixo pela gravidade da Terra, que lhe dá a sensação de peso – mas você também está puxando a Terra para cima com a mesma intensidade.

Como funciona um foguete

A lei da ação e reação de Newton também explica como funciona um foguete. O motor do foguete libera gases de exaustão numa direção, e isso produz uma reação que empurra o foguete na outra direção. Os gases de exaustão não precisam ser expelidos contra alguma coisa – e é por isso que os foguetes funcionam no vácuo do espaço. ***Tudo o que importa é que os gases aquecidos jorram para um lado, e o foguete vai para o outro.***

A TERRA SE MOVE?

* Se você estivesse caindo do alto de um prédio, ***a Terra também estaria se movendo para cima em sua direção*** (mas apenas um pouquinho, já que a aceleração é inversamente proporcional à massa).

* ***Quando você fica parado no chão, seu peso é uma força que pressiona o chão – que reage empurrando você para cima com uma força de igual intensidade, mantendo você no lugar.***

Albert Einstein

O FUNDAMENTAL PERMANECE...

* Como os exemplos anteriores mostram, as leis de Newton são ainda os princípios fundamentais com que a física opera no cotidiano – na escala de seres humanos, ou mesmo na de planetas e estrelas.

* Mas numa escala muito maior – quando estamos falando de objetos com muita massa, ou do Universo inteiro – a lei de Newton da gravitação não é tão boa, e nós temos de recorrer às idéias desenvolvidas por Albert Einstein, no século XX, em sua teoria geral da relatividade. Em escala muito menor (menor que átomos), as leis de Newton para a mecânica também não são boas, e temos de usar outra teoria desenvolvida no século XX, a mecânica quântica.

DAS ESTRELAS AOS ÁTOMOS

Essas duas grandes idéias, relatividade e mecânica quântica, formam a base da física moderna. Mas um sinal de quão poderosa é a física newtoniana é que ela se aplica muito bem a todas as coisas que estão entre átomos e estrelas, ainda que nada se soubesse sobre átomos no tempo de Newton. ***De fato, uma das grandes realizações da mecânica newtoniana é o modo como ela foi usada para explicar o comportamento de gases, líquidos e sólidos através de átomos e moléculas, que se movem e se chocam uns contra os outros em perfeita obediência às leis de Newton.*** Esse segundo florescer da teoria newtoniana ocorreu na segunda metade do século XIX – dois séculos após ele ter escrito os *Principia Mathematica*.

CAPÍTULO 1

ÁTOMOS E MOLÉCULAS

★ Um átomo é a menor unidade possível de um elemento. A imagem mais apropriada é uma pequena esfera dura, como uma minúscula bola de sinuca. Algumas substâncias do mundo cotidiano (como ouro puro) são feitas de só um tipo de átomo. Um anel de ouro puro, por exemplo, contém simplesmente bilhões e bilhões de átomos de ouro.

JUNTANDO AS PEÇAS

★ Em alguns elementos, ÁTOMOS idênticos se unem para formar MOLÉCULAS. Isso ocorre no caso do hidrogênio, no qual cada molécula é feita de dois átomos de hidrogênio, e representada pelo símbolo H_2. Outras substâncias, como a água, são feitas de dois ou mais tipos diferentes de átomos, combinados em moléculas. O símbolo de um átomo de hidrogênio é H e o símbolo de um átomo de oxigênio é O – assim, como dois átomos de hidrogênio se combinam com um de oxigênio para formar uma molécula de água, o símbolo dessa molécula é H_2O.

★ Quando estão sozinhos, os átomos de oxigênio também gostam de se unir em pares – de modo que a forma mais comum de

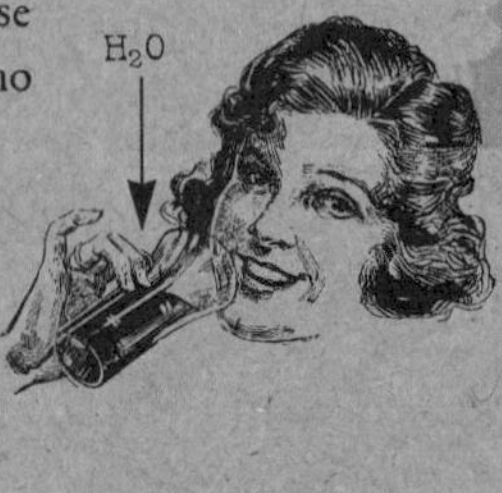

Gênio trágico

O físico austríaco **Ludwig Boltzmann** (1844-1906) desempenhou um papel fundamental no desenvolvimento da teoria cinética dos gases, ajudando assim a estabelecer, ainda que indiretamente, que os átomos são reais. Ele ficou clinicamente deprimido, em parte porque a teoria atômica foi atacada em sua Áustria natal, e suicidou-se em 1906 – apenas um ano após um trabalho de Einstein, desconhecido por Boltzmann, provar a existência dos átomos.

oxigênio, incluindo o que a gente respira, é O_2. *Por enquanto, porém, tudo que nos importa é que esses átomos e moléculas podem ser imaginados como minúculas bolinhas, em movimento constante, chocando-se umas contra as outras.*

a palavra cinético vem do termo grego para movimento

COMO OS GASES SE COMPORTAM

* As pessoas que trabalharam nos detalhes dessa imagem de um gás como moléculas em movimento foram **James Clerk Maxwell**, na Grã-Bretanha, e **Ludwig Boltzmann**, na Alemanha, na metade do século XIX. Eles não ficaram apenas especulando sobre essa imagem de bolinhas se chocando, mas desenvolveram uma teoria cinética completa dos gases, baseada nas leis de Newton.

* *A palavra "cinética" vem do termo grego para movimento e, de acordo com a teoria de Maxwell e Boltzmann, a pressão que um gás exerce sobre as paredes do recipiente que o contém pode ser explicada pela ação e reação (a terceira lei de Newton, mais uma vez) – cada átomo ou molécula colide com a parede e ricocheteia, dando um empurrão na parede nesse instante. Isso ocorre o tempo todo, conforme os átomos se chocam uns contra os outros e se dirigem novamente às paredes.*

PALAVRAS-CHAVE

ÁTOMO: menor unidade de um elemento químico que pode participar de uma reação química.
MOLÉCULA: dois ou mais átomos do mesmo elemento, ou de elementos diferentes, unidos por sua atração química.
TEORIA CINÉTICA: teoria que descreve o comportamento da matéria em termos dos átomos e moléculas que a constituem.

MOLÉCULAS EM MOVIMENTO

esquentar um sólido quebra as ligações que mantêm as moléculas unidas

★ Uma característica marcante da teoria cinética é que ela explica o calor simplesmente pelo movimento das moléculas envolvidas. Se você aquece um recipiente cheio de gás, as moléculas se movem mais velozmente – assim, elas dão uma batida mais forte nas paredes do recipiente cada vez que se chocam contra elas, e a pressão aumenta. Tudo isso foi descrito matematicamente, com o uso de equações (baseadas nas leis de Newton) que tornaram possível calcular, por exemplo, quanto a temperatura de um recipiente cheio de gás iria aumentar se ele fosse esquentado um determinado tanto.

PALAVRA-CHAVE

TERMODINÂMICA: ramo da física que lida com calor e movimento (especialmente a forma como o calor é transformado em outras formas de energia).

DE SÓLIDO PARA LÍQUIDO

★ *A teoria cinética também explica as diferenças entre sólidos, líquidos e gases.* Num sólido, os átomos e as moléculas estão unidos – por forças elétricas, sabemos hoje – mas chacoalham levemente, como se estivessem agitados. É um pouco como uma platéia se mexendo nos assentos durante um espetáculo entediante.

★ Quando o sólido é aquecido, as moléculas se agitam cada vez mais (é por isso que o sólido se dilata) até gerarem energia cinética (a energia que surge do movimento) suficiente para quebrar as ligações que as mantêm em seus lugares, e tornam-se capazes de passar umas pelas outras com relativa liberdade. *O sólido agora se tornou um líquido.*

DE LÍQUIDO PARA GÁS

* Num líquido, as moléculas ainda estão mais ou menos em contato entre si, mas constantemente se ultrapassam. Você pode fazer uma analogia com a multidão de espectadores se acotovelando à saída do teatro após o espetáculo.

isto vai explodir!

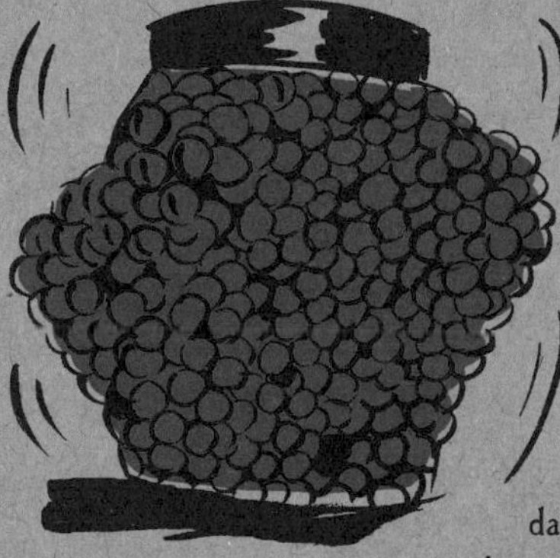

as moléculas de gás têm energia suficiente para se mover livremente ao largo das outras

* Continuando o aquecimento do líquido, chega-se a uma temperatura crítica na qual as moléculas têm tanta energia que conseguem passar livremente ao largo das outras, e podem colidir, ricocheteando violentamente, como bolinhas numa máquina de fliperama maluca. *O líquido agora se tornou um gás.*

máquina a vapor

A potência do pistão

Se ***você imaginar não um recipiente rígido para o gás, mas um cilindro com um pistão, verá como as moléculas em movimento no gás empurrarão o pistão para fora. Se o pistão ficar fixo no lugar, através de uma força que o empurra para dentro, quanto mais quente o gás mais força você terá de aplicar para segurá-lo.*** Esse exemplo clássico das leis de Newton em funcionamento relaciona-se diretamente ao ramo da ciência conhecido como TERMODINÂMICA (o estudo do calor e movimento). A termodinâmica foi tremendamente importante no século XIX, porque no coração da Revolução Industrial estavam as máquinas a vapor – que eram movidas por pistões.

SEQÜÊNCIA E CONSEQÜÊNCIA

* Uma coisa peculiar acontece quando você lida com números muito grandes de átomos e moléculas. Ainda que todas as colisões entre as moléculas individuais ocorram conforme as leis de Newton, as interações de todas as moléculas, tomadas como um todo, seguem o que reconhecemos como o tempo cronológico. Isso não parece estranho, pois é o que estamos acostumados a ver na vida cotidiana – mas em termos da física newtoniana é realmente muito estranho.

o fluxo de energia de objetos quentes para objetos frios é um princípio fundamental do Universo

A SETA DO TEMPO

Há uma coisa curiosa em muitos dos experimentos que descrevemos até agora. ***As leis do movimento de Newton não consideram a direção do fluxo do tempo.*** Pode *parecer* que há algo como uma "seta do tempo" envolvida na mecânica newtoniana, pois podemos falar sobre eventos que ocorrem "antes" ou "depois" de outros. Mas pense sobre a interação newtoniana mais simples, quando duas bolas de sinuca (ou dois átomos) se movem uma em direção à outra, colidem e se separam. Se você revertesse o processo todo, a colisão no tempo passado ainda iria obedecer às leis da física de Newton. ***Com efeito, se você fizesse um filme dessa colisão e o projetasse de trás para a frente num projetor de cinema, a platéia não suspeitaria de nada errado.***

MEIO DENTRO OU MEIO FORA?

* Pense naquele pistão com o cilindro cheio de gás. Conforme o gás empurra o pistão, este se move cada vez mais para fora do cilindro. Isso retira energia das moléculas do gás, de modo que elas ficam mais lentas – elas esfriam. Essa é uma característica fundamental do Universo: o calor flui naturalmente de um objeto quente para um frio. Para restabelecer o calor no gás do cilindro, você teria de empurrar o pistão para dentro, usando energia para isso.

* Se você visse uma fotografia mostrando o pistão bem enfiado no cilindro, e outra mostrando-o muito mais para fora, você saberia imediatamente qual foto foi tirada antes. Quando há uma porção de moléculas e átomos na jogada, a natureza tem uma seta do tempo embutida.

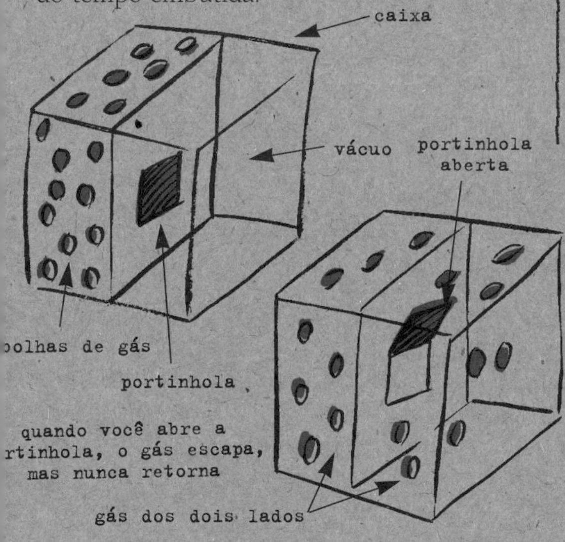

Meio cheio ou meio vazio?

Em vez de um pistão suavemente deslizante, imagine uma caixa dividida em duas metades por uma parede, com gás de um lado e vácuo do outro. Se você abrir uma portinhola na parede divisória, o gás vai se espalhar de modo a preencher as duas metades igualmente (e vai esfriar nesse processo). Não importa o quanto você espere, o gás jamais voltará inteiramente, por conta própria, para uma metade da caixa. Novamente, se você visse uma fotografia da caixa com todo o gás de um lado, e outra fotografia com o gás espalhado igualmente pelas duas metades da caixa, você saberia qual foto foi tirada primeiro.

Ninguém entende completamente como a seta do tempo aparece quando interações que a ignoram individualmente são colocadas juntas, mas ela é uma característica fundamental do mundo físico.

PALAVRAS-CHAVE

DESORDEM: em termodinâmica, desordem não significa simplesmente confusão, mas sim uma falta de padrão. Um tabuleiro de xadrez branco e preto tem ordem. A mesma quantidade de tinta usada no tabuleiro, tornando-o cinza uniforme, é desordenada.

ENTROPIA: uma medida do grau de desordem num sistema em estudo, ou no Universo inteiro. A entropia do Universo sempre aumenta.

A PRIMEIRA LEI DA TERMODINÂMICA

Esta é, na verdade, apenas uma preparação para a segunda lei. Ela afirma que calor e trabalho são duas faces da mesma moeda, energia, e que a quantidade total de energia num sistema fechado permanece constante.

TERMODINÂMICA

*** Essa história sobre a seta do tempo e sobre o calor sempre fluir do objeto mais quente para o mais frio é parte de uma lei considerada como a mais fundamental de toda a física – a segunda lei da termodinâmica.**

A SEGUNDA LEI DA TERMODINÂMICA

* A segunda lei da termodinâmica foi estabelecida pelo trabalho de **William Thompson, primeiro barão Kelvin** (1824-1907), na Inglaterra, e **Rudolf Clausius** (1822-1888), na Alemanha, na década de 1850. *Ela pode ser resumida em quatro palavras: "as coisas são passageiras". Ou, em linguagem um pouco mais técnica, o grau de* DESORDEM *no Universo sempre aumenta. E se você quer algo ainda mais técnico, o termo científico para desordem é* ENTROPIA *– de modo que você pode simplesmente dizer que a "entropia aumenta". Apenas essas duas palavras formam a lei mais fundamental da ciência.*

Lorde Kelvin

AUMENTANDO A DESORDEM

★ O exemplo clássico do aumento de desordem (ou entropia) é quando você coloca um cubo de gelo num copo com água e fica observando ele derreter. A água com o cubo de gelo flutuando tem um tipo de estrutura, um padrão. Mas quando o gelo derrete (um exemplo de calor fluindo do objeto mais quente para o mais frio) resta apenas uma porção de água amorfa, sem estrutura, uniforme. *Mais uma vez, a seta do tempo aparece – você freqüentemente vê cubos de gelo derretendo em copos com água, mas nunca vê um copo em que surgem espontaneamente cubos de gelo, enquanto o resto da água esquenta, mesmo sabendo que esse processo não requer qualquer influxo de energia, de modo que não violaria a primeira lei da termodinâmica.*

conforme o gelo derrete, a ordem é substituída por desordem

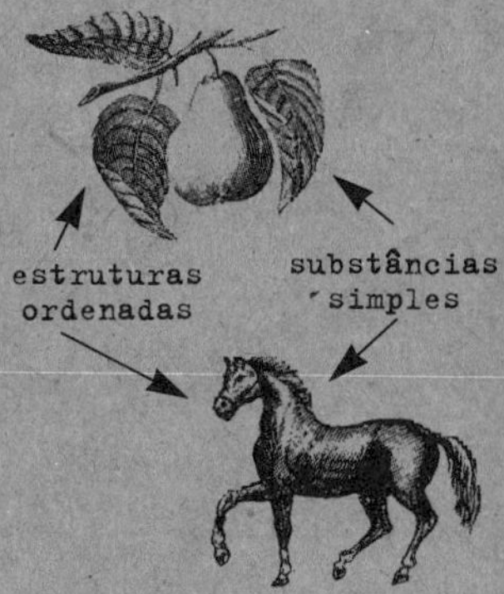

Mais ou menos entropia?

Uma coisa que parece violar a segunda lei da termodinâmica é a própria vida. Plantas e animais são estruturas ordenadas muito complicadas, construídas a partir de substâncias simples, que criam ordem (reduzindo assim a entropia) em uma escala local. Elas só conseguem fazer isso com a ajuda de uma grande quantidade de energia, que vem, em última análise, da luz do Sol. Mas a quantidade de ordem criada pela vida na Terra é mais do que compensada pela quantidade de desordem (entropia) sendo criada dentro do Sol – pelos processos que liberam energia na forma de luz. ***No Universo como um todo, a entropia sempre aumenta.***

Thomas Young

UMA NOVA LUZ SOBRE A LUZ

* Como veremos, a física moderna oferece ao menos uma maneira de explicar problemas como a entropia e a origem da seta do tempo. Mas antes de resolvermos esses problemas, há uma parte importante da física clássica que devemos considerar – a física da luz.

THOMAS YOUNG (1773-1829)

Uma criança prodígio, Young sabia ler aos dois anos de idade, aprendeu latim e grego na infância, e dominava diversas línguas do Oriente Médio antes da adolescência. Ele havia lido e compreendido toda a obra de Newton antes de completar 17 anos. Depois de qualificar-se como médico (em 1796), interessou-se por ótica, por causa de seu trabalho com o olho humano. Como resultado, Young desenvolveu uma série de experimentos envolvendo som e luz e, em 1800, publicou um livro propondo (entre outras coisas) que a luz viaja como uma onda. Ele também foi fascinado por egiptologia, e teve um papel primordial na decifração da Pedra de Roseta.

Young passou a infância lendo livros importantes

UM CONCEITO-CHAVE

* O comportamento da luz mostrou ser a chave para as duas grandes revoluções que se alastraram por toda a física nas primeiras décadas do século XX – a revolução quântica e a revolução da relatividade. Ironicamente, entretanto, esses dois acontecimentos ocorreram logo depois que a teoria da luz havia sido colocada no que parecia ser uma base sólida, pelos físicos do século XIX – por dois deles em particular, **Michael Faraday** e **James Clerk Maxwell**.

ONDAS E NÃO BALAS DE CANHÃO

★ *Isaac Newton teve a idéia de que a luz é como um feixe de pequenas balas de canhão, voando pelo espaço e se chocando contra as coisas.* Isso casava bem com suas leis do movimento, de modo que era um modelo natural para ser adotado por ele.

Augustin Fresnel inventou uma lente especial para faróis marítimos

★ *Então, no início do século XIX, experimentos de* Thomas Young, *na Inglaterra, e de* Augustin Fresnel, *na França, mostraram que na verdade a luz se move pelo espaço (ou por qualquer meio transparente) na forma de uma onda.* A prova mais clara disso é um famoso experimento de Young, conhecido como "experimento da dupla fenda de Young", ou "experimento dos dois orifícios". *Ele será muito importante quando chegarmos à física moderna, de modo que vale a pena descrever em detalhes o que Young descobriu.*

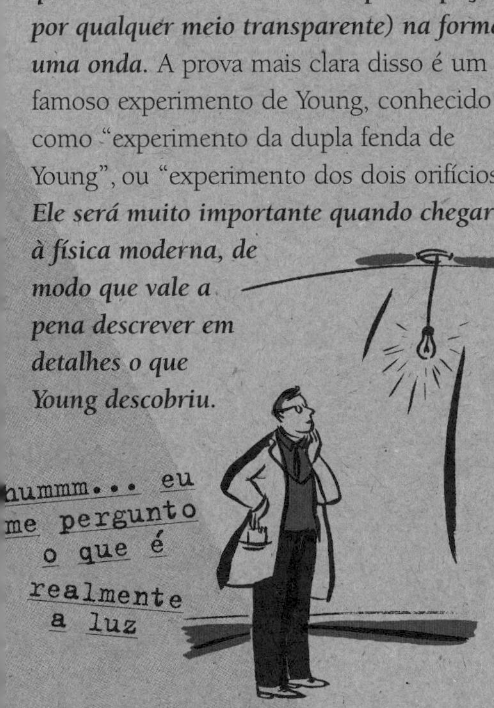

Política e ótica

Engenheiro civil, Augustin Fresnel (1788-1827) tornou-se chefe do departamento de obras públicas de Paris sob Napoleão. Ele também se interessava por ótica e inventou uma lente especial para faróis marítimos. Quando Napoleão foi exilado em Elba, Fresnel apoiou a restauração da monarquia, mostrando bom faro para a opção mais provável. Para o azar de Fresnel, Napoleão retornou, e ele foi colocado em prisão domiciliar na Normandia, onde desenvolveu sua teoria ondulatória da luz. Contudo, Waterloo libertou Fresnel e ele retornou à engenharia.

O EXPERIMENTO COM DOIS ORIFÍCIOS

tudo que você precisa são pedaços de cartolina e uma lanterna

* Se você iluminar com uma luz brilhante um pedaço de cartolina com um pequeno orifício no meio, a luz passará pelo orifício e se propagará pelo outro lado. Agora, coloque um segundo pedaço de cartolina, com dois orifícios (buracos de alfinete) no caminho da luz que se propaga a partir do primeiro orifício. A luz se propagará a partir dos dois orifícios da segunda cartolina. Finalmente, coloque um terceiro pedaço de cartolina no caminho da luz que se espalha dos dois orifícios, e olhe para o padrão de luz e sombras que se forma nessa última tela (é claro que é preciso fazer tudo isso numa sala escura, para conseguir enxergar algum resultado). Você obterá um padrão de faixas claras e escuras alternadas (luz e sombra) – o que demonstra que a luz viaja como uma onda, parecida com as ondulações em um lago.

furos de alfinete

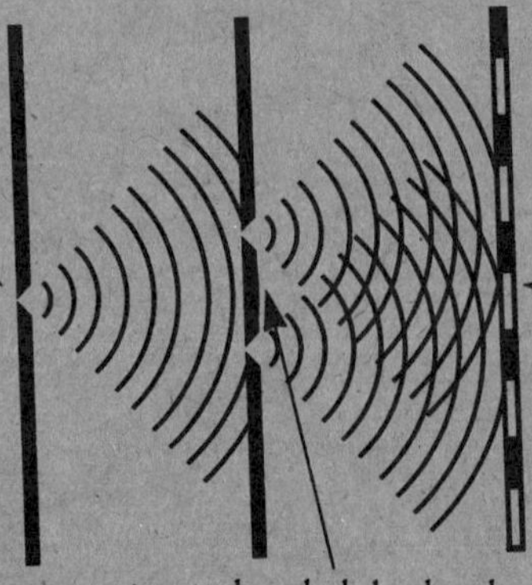

faixas claras e escuras se formam na tela

as ondas interagem e se cancelam para formar uma faixa escura, ou se reforçam para formar uma faixa luminosa

o comprimento de onda da luz de cada orifício é o mesmo

FAZENDO ONDULAÇÕES

* As ondas que partem de cada um dos orifícios na cartolina intermediária começam em igualdade uma com a outra, pois vieram do mesmo e único orifício na primeira cartolina. Elas se propagam como ondulações em um lago, produzidas quando se atiram duas pedras ao mesmo tempo, e interferem uma na outra para produzir um padrão de ondulação mais complicado.

ondas de luz interferem umas nas outras como ondulações em um lago

PICOS E VALES

* Quando as ondas se sobrepõem, em alguns locais os picos nas ondas de cada conjunto de ondulações coincidem, de modo que você obtém um pico extremamente alto – uma faixa brilhante na tela. Em outros locais, um pico de uma onda coincide com um vale da outra, de modo que se cancelam e não há luz na tela – uma faixa escura. E se dois vales coincidem, também se produz uma faixa luminosa, porque as ondas estão se reforçando, ainda que seja na direção oposta.

O EXPERIMENTO DA DUPLA FENDA

A versão original de Young para o assim chamado "experimento com os dois orifícios" usava fendas estreitas nas cartolinas, cortadas com uma navalha – daí vem o nome original do experimento. Com fendas paralelas, em vez de orifícios de alfinete, o padrão de luz e sombras produzido na tela final é simplesmente um conjunto de faixas paralelas de luz e sombra, um padrão de interferência característico. Medindo a distância entre as faixas no padrão claro-escuro da tela final, pode-se calcular os comprimentos das ondas envolvidas.

pare com essas ondinhas, estou ficando enjoado

Faraday identificou o eletromagnetismo

FARADAY E O ELETROMAGNETISMO

* Todos nós temos alguma idéia sobre a natureza da eletricidade e do magnetismo a partir de nossa experiência prática – mas os experimentos realizados por Michael Faraday, iniciados na década de 1820, demonstraram que eletricidade e magnetismo são uma única força (eletromagnetismo), que mostra duas facetas diferentes do mundo, dependendo do modo como você olha para ele.

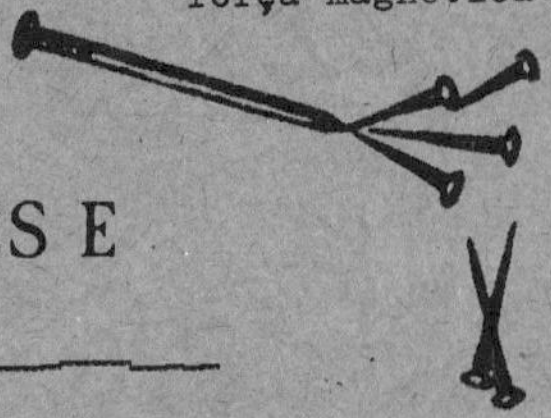

O campo de força

Faraday não se satisfez em descobrir as ligações entre eletricidade e magnetismo e em mostrar como podia fazer uso prático delas. Ele tentou explicar como os efeitos funcionavam e, ao fazê-lo, inventou o conceito científico do CAMPO DE FORÇA (conhecido habitualmente como "o campo").

MOTORES E ÍMÃS

* *Uma carga elétrica em movimento (corrente elétrica) produz um campo magnético – razão pela qual, quando a eletricidade flui por um fio, a agulha de uma bússola magnética comum colocada perto do fio sofre uma deflexão.*

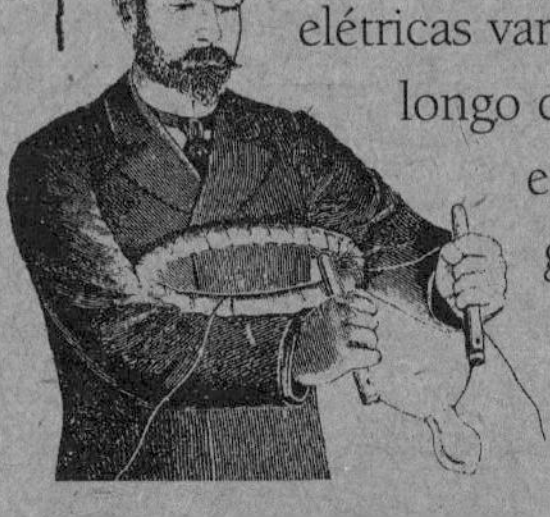

Com efeito, esse é o princípio do motor elétrico – no qual correntes elétricas variáveis movendo-se ao longo de fios fazem ímãs com eixos acoplados ficarem girando em círculos.

ÍMÃS E DÍNAMOS

Michael Faraday

***** ***Um ímã em movimento, por sua vez, faz que flua uma corrente elétrica num condutor próximo.*** Assim, se você movimenta um ímã nas proximidades de um pedaço de fio, a eletricidade flui pelo fio. Este é o princípio por trás do gerador elétrico, ou dínamo, no qual ímãs girados mecanicamente na extremidade de um eixo fazem correntes elétricas fluírem ao longo de fios. ***Um dínamo é, na prática, um motor elétrico revertido.***

balance isso mais rápido

eu não consigo enxergar com a luz piscando

movimentar um ímã perto de um fio cria uma corrente elétrica

MICHAEL FARADAY (1791-1867)

Um gênio autodidata, Faraday era filho de um ferreiro e só recebeu educação rudimentar. Enquanto estudava para ser encadernador de livros, ele ficou fascinado pela ciência, graças à leitura de verbetes numa cópia da *Enciclopédia Britânica*, na qual estava trabalhando. Em cursos noturnos e com leituras cada vez mais amplas, ele se tornou mais e mais culto, obtendo então um emprego como assistente de Humphry Davy, na Royal Institution, onde acabou sucedendo Davy como diretor. Além de seu trabalho em eletromagnetismo e teoria do campo, Faraday fez contribuições importantes à química e serviu como conselheiro científico do governo. Membro de uma seita religiosa muito rígida, era extremamente modesto, e chegou a recusar uma honraria e a chance de ser presidente da Royal Society.

A FORÇA E O CAMPO

★ A melhor maneira de entender o que significa um campo de força é a mesma que o próprio Faraday usou para desenvolver a idéia – acompanhando o seguinte experimento.

UMA TEIA MISTERIOSA

★ Pegue um ímã de barra comum e coloque um pedaço de papel sobre ele, depois espalhe limalha de ferro sobre o papel. Se você agitar suavemente o papel, a limalha se organiza ao longo de uma série de linhas curvas, ou arcos, ligando os pólos magnéticos norte e sul do ímã. ***Essas linhas representam o campo de força do ímã, um tipo de teia de aranha (geralmente) invisível que se estica em todo o espaço em volta do ímã. Faraday deduziu que cargas elétricas, como ímãs, têm seu próprio campo de força.***

★ Os efeitos por trás do dínamo e do motor elétrico ocorrem quando LINHAS DE FORÇA se cruzam, formando uma complexa teia de interações no CAMPO.

PALAVRAS-CHAVE

LINHA DE FORÇA: uma linha imaginária indicando a direção de uma força associada a um campo. Imagine-a como uma tira de elástico esticada.

CAMPO: região na qual um objeto exerce uma força sobre outros objetos. Há um campo gravitacional associado à massa de um objeto, um campo elétrico associado à carga, e assim por diante.

você pode ver as linhas de força se segurar um ímã sob um pedaço de papel com limalha de ferro espalhada por cima

Por exemplo, é porque linhas de força magnéticas estão se movendo através do fio que a eletricidade é obrigada a fluir num dínamo, mesmo que o ímã girante nunca encoste ele mesmo no fio.

A TEORIA DE CAMPO DE FARADAY

* Tendo percebido a natureza do eletromagnetismo, Faraday levou suas idéias um passo adiante. Ele sugeriu que a idéia de campo deveria aplicar-se à única força conhecida pela ciência do século XIX, a gravidade. ***Ele imaginou o Sol, por exemplo, posicionado numa teia de linhas de força esticadas pelo espaço, segurando firmemente os planetas – incluindo a Terra.***

Respondendo ao campo

Vejamos como a teoria de campo de Faraday se aplica à Terra. ***Tudo o que importa é a natureza do campo de força no ponto do espaço em que se localiza a Terra.*** Suponha que você pudesse remover a Terra de sua órbita em torno do Sol. Se, uma vez que o campo estivesse estabelecido, você pudesse recolocar a Terra em sua órbita (com a velocidade correta, e tudo o mais), ela imediatamente sentiria a força e seguiria sua órbita novamente. Ela não iria se perder no espaço antes que o Sol pudesse notar sua presença. Nem iria ter de esperar por um sinal do Sol dando instruções sobre como se mover. O campo já está lá, no espaço, fornecendo informações sobre a existência do Sol. Tudo o que a Terra faz é responder ao campo no ponto do espaço em que se encontra.

a Terra é mantida em sua órbita pelo campo de força do Sol

À FRENTE DE SEU TEMPO

★ A teoria de Faraday levada às últimas conseqüências era muito difícil, e seus colegas vitorianos realmente não a entenderam. De fato, com suas especulações ele estava quase cem anos à frente de seu tempo. Por outro lado, suas idéias sobre campos elétricos e magnéticos se espalhando a partir de suas fontes foram aceitas quase imediatamente.

O PRÓPRIO CAMPO

Na década de 1840, Faraday levou suas idéias ainda mais longe. ***Ele sugeriu que, em vez de pensar em ímãs como fontes do campo magnético, cargas elétricas como fontes do campo elétrico, e objetos com massa como o Sol (ou uma maçã, ou a Terra) como fontes do campo gravitacional, o próprio campo era o que realmente interessava.*** O Universo, concluiu, é cheio de campos de um ou outro tipo. E coisas como ímãs, cargas elétricas ou porções de matéria são apenas locais em que os campos apropriados se entrelaçam de determinadas maneiras.

Faraday estava quase 100 anos à frente de seu tempo

FARADAY E MAXWELL

★ Quem adotou as idéias de Faraday foi James Clerk Maxwell, que as transformou numa teoria completa, matematicamente detalhada, do eletromagnetismo (publicada em 1864) e, de quebra, quase acidentalmente, explicou a natureza da luz – ou assim pareceu na época.

★ Foi Faraday quem primeiro sugeriu que a luz poderia ser produzida por algum tipo de vibração das

Maxwell desenvolveu uma teoria das cores da luz que ainda é usada nas TVs

linhas de força associadas a partículas carregadas e ímãs – com as linhas vibrando como uma corda de violino dedilhada, e com a luz sendo transmitida por ondas ao longo das linhas de força, a partir da fonte. Mas a despeito de todo o seu sucesso como físico prático e experimental, e de sua notável percepção da natureza das coisas, Faraday não era bom em matemática, e nunca conseguiu transformar sua vaga sugestão sobre a natureza da luz numa teoria completa.

instrumento de corda

James Clerk Maxwell (1831-1879)

Quando, aos 10 anos de idade, Maxwell foi para a escola em Edimburgo, seus modos caipiras valeram-lhe o apelido "Dafty" [abobado]. Mesmo assim, ele se tornou professor em Aberdeen e, em 1860, se transferiu para o King's College de Londres. Após a morte de seu pai, em 1865, Maxwell se aposentou para cuidar das terras da família. Em 1871, foi convencido a dirigir o novo Laboratório Cavendish, em Cambridge. Ele tinha acabado de conseguir estabelecê-lo como centro de excelência científica quando morreu, aos 48 anos de idade. Além de seu trabalho em eletromagnetismo, ele provou que os anéis de Saturno tinham de ser constituídos de miríades de pequenas luas, desenvolveu uma teoria das cores da luz que ainda é usada nas TVs, e fez importantes contribuições à termodinâmica e à mecânica estatística.

James Clerk Maxwell

as equações de Maxwell dizem tudo o que você precisa saber

AS EQUAÇÕES DE MAXWELL

* Para todos os propósitos práticos, o conjunto de equações que Maxwell obteve é válido para todo fenômeno elétrico ou magnético com os quais você tem chance de entrar em contato direto no dia-a-dia do início do século XXI, exceto talvez por um ocasional raio *laser*. Elas descrevem todos os aspectos do eletromagnetismo que estão incluídos na chamada física "clássica" - o que quer dizer tudo o que não inclui fenômenos quânticos.

Medindo a velocidade da luz

A velocidade da luz foi medida pela primeira vez pelo astrônomo dinamarquês **Olaus Roemer** (1644-1710), a partir de uma análise dos eclipses das luas de Júpiter, em 1675. Medições terrestres ficaram acuradas na década de 1860, quando o físico francês **Léon Foucault** (1819-1868) desenvolveu uma técnica na qual um feixe de luz ficava indo e voltando entre espelhos, fornecendo assim uma trajetória longa o suficiente para que seu "tempo de vôo" fosse medido.

QUATRO FÓRMULAS FUNDAMENTAIS

* Há apenas quatro dessas equações. Conhecidas simplesmente como equações de Maxwell, juntas descrevem todos os fenômenos elétricos e magnéticos clássicos – o efeito dínamo, o funcionamento de motores elétricos, o porquê das agulhas das bússolas apontarem para o Norte (contanto que elas não estejam perto de um fio com corrente elétrica, ou de um ímã permanente), quão grande é a força entre duas cargas elétricas de certo valor a uma certa distância entre si, e muitas outras coisas.

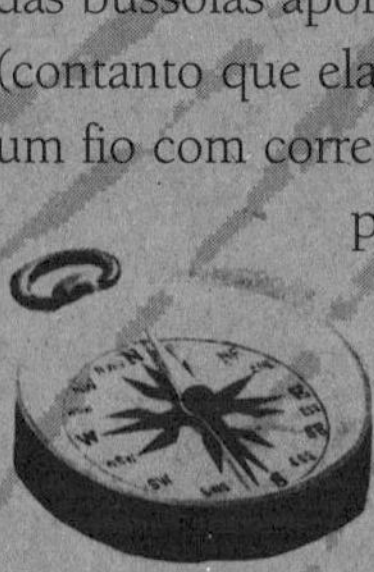

bússola

✱ Todo problema conhecido na época, que envolvesse eletricidade e magnetismo, poderia ser explicado usando as equações de Maxwell.

RESPOSTAS PARA TUDO

✱ Esse foi um salto enorme e maravilhoso para a ciência, e colocou Maxwell quase ao lado de Newton. Afinal, as leis de Newton descreviam o funcionamento de todas as coisas conhecidas no mundo da física de meados do século XIX, exceto o eletromagnetismo – e as equações de Maxwell

explicavam tudo que havia para explicar (naquela época) sobre eletromagnetismo. Juntos, Newton e Maxwell explicaram tudo o que era conhecido pela ciência física.

UM SUBPRODUTO INESPERADO

A coisa maior e mais maravilhosa sobre as equações de Maxwell foi o modo como uma descrição da luz surgiu delas sem que fosse essa a intenção. Entre as diversas coisas que as equações descrevem, estão as propriedades das ondas eletromagnéticas – ondulações no campo eletromagnético.
E a propriedade mais importante dessas ondas é a velocidade com a qual se propagam. Uma dupla de números, especificando a intensidade das partes elétrica e magnética da interação, tinha de ser colocada nas equações a partir de observações experimentais e medições. ***Mas uma vez que esses números eram colocados, as equações especificavam, única e precisamente, a velocidade com a qual as ondas eletromagnéticas deveriam se propagar. Essa velocidade se revelou exatamente a mesma que a da luz, que na década de 1860 já tinha sido medida muito acuradamente.***

ONDAS E COMPRIMENTOS

★ O que distingue as diferentes variedades de ondas eletromagnéticas entre si é o comprimento de onda da radiação – exatamente do mesmo jeito que diferentes notas musicais (que são todas ondas sonoras) são distinguíveis por seus diferentes comprimentos de onda.

conforme você movimenta a corda para cima e para baixo, ondas se propagam ao longo dela

Ondas eletromagnéticas

Luz visível, ondas de rádio, o calor infravermelho que você sente vindo de um radiador, as microondas que cozinham no seu forno de microondas, raios X, e até mesmo pulsos de raios gama de galáxias distantes são todos variedades de radiação eletromagnética. Todos são descritos pelas equações de Maxwell.

COMO UMA CORDA VIBRANTE

★ *A melhor maneira de formar uma imagem mental de como as ondas eletromagnéticas viajam pelo espaço é imaginar ondas se propagando ao longo de uma corda bem esticada.* Se você amarrar uma extremidade da corda em um poste e segurar a outra em suas mãos, você pode fazer pulsos viajarem pela corda, vibrando a extremidade em sua mão para cima e para baixo. A energia que faz os pulsos se moverem pela corda vem do trabalho que você

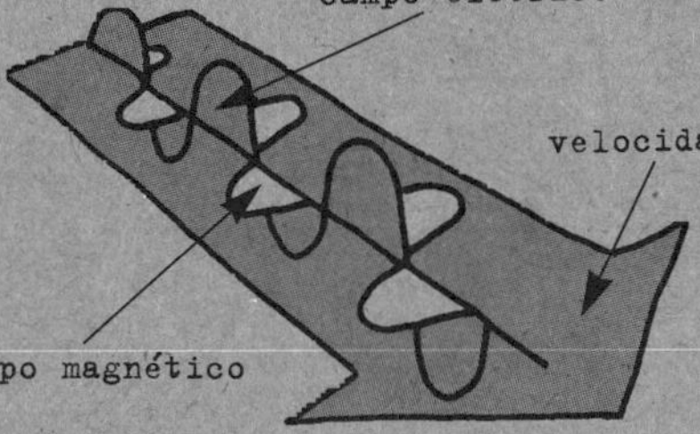

uma onda eletromagnética é na verdade duas ondas em ângulo reto uma com a outra – uma é o campo elétrico e a outra é o campo magnético

está realizando ao vibrar a extremidade que está segurando. Para variar, você pode mudar o movimento da vertical (para cima e para baixo) para a horizontal (para os lados).

DUPLA AÇÃO

★ A energia que faz as ondas eletromagnéticas se moverem pelo espaço é fornecida por cargas elétricas (ou ímãs) vibrando de um lado para outro, quase da mesma maneira como a energia, que forma os pulsos na corda, vem da vibração.

★ *Mas as ondas eletromagnéticas são mais complicadas, pois são compostas de duas ondas se propagando juntas e sustentando uma à outra. De fato, contanto que as ondas fiquem em ângulo reto entre si, o padrão inteiro pode ser torcido e orientado em qualquer direção – porém, é mais fácil pensar nelas como ondas verticais e horizontais.*

ainda bem que existe radiação eletromagnética

fornos de microondas utilizam radiação eletromagnética

ETERNAMENTE JUNTAS

Suponha que a onda vertical é uma onda elétrica, produzida pela vibração de uma carga elétrica para cima e para baixo. É um campo elétrico variável, movendo-se através do espaço. Mas como Faraday descobriu, um **campo elétrico** variável produz um **campo magnético**, em ângulo reto com o campo elétrico. Assim, a onda elétrica vertical é acompanhada por uma **onda magnética** horizontal, propagando-se pelo espaço. E como Faraday também descobriu, um **campo magnético** variável produz um **campo elétrico**, em ângulo reto com o campo magnético. Assim a **onda magnética** horizontal é acompanhada por uma **onda elétrica** vertical, propagando-se pelo espaço. E por aí vai. **Não importa se você começa vibrando um ímã ou uma carga elétrica. Os dois campos variáveis se sustentam um ao outro, e você não consegue um sem o outro.**

PARTÍCULAS NUMA CAIXA

★ Se você tiver uma caixa de certo tamanho, cheia de gás numa certa temperatura e pressão, não importa que tipo de gás esteja lá sempre vai haver o mesmo número de partículas (isto é, átomos ou moléculas) se mexendo dentro da caixa. Como sabemos disso? Porque elas produzem a mesma pressão nas paredes do recipiente.

DO TAMANHO EXATO

★ Para um gás a 0°C e 1 atmosfera-padrão de pressão (o exemplo usado habitualmente), você pode fazer a caixa do tamanho certo para conter uma massa de gás igual ao peso molecular daquele gás expresso em gramas. O volume da caixa seria de 22,4 litros. Pesos atômicos e moleculares são medidos em unidades baseadas na massa de um átomo de hidrogênio, que conta como 1. Há dois átomos de hidrogênio na molécula de hidrogênio, e assim o peso molecular do hidrogênio é 2, e a caixa iria conter 2 gramas de hidrogênio. Analogamente, cada átomo de oxigênio tem um peso atômico de 16 (16 vezes o peso atômico do hidrogênio), e há dois átomos em cada molécula de oxigênio, de modo que a caixa cheia conteria 32 gramas de oxigênio.

PALAVRA-CHAVE

ELÉTRON: partícula negativa localizada na região mais exterior de um átomo (carrega uma unidade de eletricidade).

Amadeo Avogadro

Fazendo onda

A energia que faz as ondas eletromagnéticas tem de ser gerada, em primeiro lugar, vibrando cargas elétricas ou ímãs para os lados. O modo mais comum de fazermos isso é com correntes elétricas – que são apenas cargas elétricas, consistindo de números enormes de ELÉTRONS – fluindo ao longo de fios. Descobertos na década de 1890, os elétrons desempenham um papel importante na física moderna – apesar de parecerem se encaixar muito bem na mecânica newtoniana e nas equações de Maxwell.

os gregos e os chineses tinham uma forma de teoria atômica

O NÚMERO DE AVOGADRO

★ Qualquer que seja o gás utilizado, o número de moléculas na caixa será sempre igual – um número conhecido como número de Avogadro, que vale 6 x 10^{23} (um 6 seguido de 23 zeros, ou cem mil bilhões de bilhões).

★ *Esse número enorme, que foi calculado pelo físico italiano* Amadeo Avogadro *(1776-1856) em 1811, lhe dá alguma idéia de quão pequenos são os átomos e as moléculas. Ainda assim, por volta do fim do século XIX os físicos estavam começando a dividir os átomos em suas partes constituintes. Átomos não eram indestrutíveis, afinal.*

PARTÍCULAS ESSENCIAIS

Na Antiguidade, tanto os gregos quanto os chineses tinham imaginado o mundo composto de partículas "essenciais", mas a idéia moderna de átomos se desenvolveu no século XVII e depois, a partir do trabalho de cientistas como **Robert Boyle** (1627-1691) e **Christiaan Huygens** (1629-1693). Em 1738, **Daniel Bernoulli** (1700-1782) sugeriu que um gás poderia ser feito de pequenas partículas que se mexiam dentro de seu recipiente. Mas foi só no início do século XIX que **John Dalton** (1766-1844) propôs que um átomo seria a menor unidade de um elemento que poderia participar de uma reação química.

John Dalton dividindo água em suas partes constituintes através da eletrólise

NOVOS EXPERIMENTOS

★ Em meados do século XIX, os físicos começaram a estudar o efeito de correntes elétricas em traços de gás deixados em tubos de vidro de onde o ar tinha sido quase completamente evacuado – o que foi então possível graças à invenção da bomba de vácuo.

os físicos estavam interessados no efeito da eletricidade nos gases

J. J. THOMSON (1856-1940)

Em 1897, Thomson demonstrou que as correntes elétricas consistiam de feixes de partículas eletricamente carregadas (elétrons). Apesar de ter imaginado e supervisionado os experimentos, ele nunca os realizou pessoalmente – ele era tão desajeitado que seus colegas achavam que poderia quebrar o equipamento só de olhar. Chefe do Laboratório Cavendish em seus "anos de glória", em 1905 recebeu o prêmio Nobel e foi feito Cavaleiro em 1908.

DESCOBERTAS ILUMINADORAS

★ Para esses experimentos, a corrente era obrigada a fluir entre uma placa positivamente carregada numa extremidade do tubo (o ânodo) e uma placa negativamente carregada na outra extremidade (o cátodo). Isso resultava num feixe de raios negativamente carregados, fluindo a partir do cátodo. De modo bem lógico, eles foram chamados de RAIOS CATÓDICOS. Em 1895, o físico alemão **Wilhelm Röntgen** (1845-1923) descobriu os RAIOS X – uma forma de radiação previamente desconhecida, produzida quando os raios catódicos encontravam a parede de vidro do tubo. *Os raios X se mostraram uma forma muito energética (pequeno comprimento de onda) de onda eletromagnética.*

J.J. Thomson

* Dois anos depois, em 1897, um físico britânico, **J. J. Thomson** (1856-1940), mostrou que os raios catódicos eram bem diferentes dos raios X – ***são um feixe de pequenas partículas, muito menores que átomos, que portam uma carga elétrica negativa.*** Elas foram logo batizadas de "elétrons" pelo físico holandês **Hendrik Lorentz** (1853-1928).

DUAS QUESTÕES INCÔMODAS

* Assim, no fim do século XIX, a cena estava preparada para a física moderna. Os físicos tinham as leis de Newton para descrever o comportamento da matéria, e as equações de Maxwell para descrever a radiação. Tinham uma imagem incipiente do átomo como uma partícula não tão indivisível assim, que poderia ser descrita em termos da mecânica newtoniana para explicar coisas tais como o comportamento de um gás num recipiente, mas que podia ser subdividida (de algum modo) arrancando-se-lhe elétrons negativamente carregados (que pareciam eles mesmos partículas newtonianas), deixando um resto positivamente carregado (um íon), que também obedecia às leis de Newton e às equações de Maxwell. Tudo parecia um mar de rosas – exceto por duas questões incômodas sobre o comportamento da luz.

Um feito brilhante

Wilhelm Röntgen descobriu os raios X quando estudava o modo pelo qual uma corrente elétrica fluindo por um tubo de vidro evacuado faz o tubo brilhar. Ele notou que a radiação emitida pelo tubo estava fazendo uma chapa fluorescente próxima brilhar também. Recebeu o prêmio Nobel de física em 1901.

temos de agradecer a Röntgen pelo espetáculo de raios X!

PALAVRA-CHAVE

ÍON:
átomo eletricamente carregado, que perdeu ou ganhou um ou mais elétrons.

CAPÍTULO 2

esta física é um território realmente novo

Física após as refeições

Por ser considerado inconstante, foi impossível para Einstein conseguir um emprego numa universidade, mesmo como assistente. Mas ele continuou pensando em física nas horas vagas – ou melhor, pensava em física o tempo todo, e só trabalhava em outras coisas o suficiente para se manter. A lenda é que no escritório de patentes ele era tão bom em entender as tecnicalidades dos requerimentos que conseguia completar seu trabalho de um dia inteiro antes do almoço, e daí passava a tarde pensando em problemas científicos – incluindo aqueles que ele resolveu com sua teoria especial da relatividade.

ALÉM DE NEWTON

*** Por uma simples coincidência, a física moderna começa com o século XX, de modo que tem cento e poucos anos atualmente. Mas ela ainda é considerada "moderna" porque usa idéias e conceitos que vão além daqueles da física newtoniana. Até mesmo a teoria ondulatória da luz, de Maxwell, seria completamente inteligível para Newton (embora ele pudesse ficar desapontado ao descobrir que sua própria teoria "corpuscular" não tinha se mostrado válida), mas com a física moderna ele estaria entrando em terreno desconhecido.**

a física moderna tem 100 anos de idade

"BICHO PREGUIÇA" – OU RAPOSA VELOZ?

* Albert Einstein *(1879-1955) desenvolveu sua primeira teoria inovadora – a teoria especial da relatividade – nos primeiros anos do século XX, e publicou-a*

Einstein não estudava nada que não lhe interessasse

em 1905. Na época, ele não tinha nenhum cargo universitário, e trabalhava como especialista técnico (de segunda classe!) no escritório de patentes da Suíça, em Berna.

* Apesar de ter se graduado, em 1900, com notas razoavelmente boas em seus exames finais, o Einstein estudante ganhou a fama de ser – nas palavras de um de seus professores, Hermann Minkowski (ver p. 66) – um "bicho preguiça" que não estudava nada que não lhe interessasse. De fato, tendo faltado à maioria das aulas, só conseguiu obter seu diploma estudando freneticamente por algumas semanas, usando as anotações de um de seus amigos, Marcel Grossman.

PALAVRA-CHAVE

RELATIVIDADE: de acordo com a teoria de Einstein, qualquer "observador" tem o direito de considerar que está "em repouso". Todo movimento é, portanto, relativo ao observador.

Albert Einstein

Einstein em cena

A primeira parte da física moderna a ser completada como uma teoria totalmente desenvolvida – e testada por experimentos que a comprovaram "melhor" (isto é, mais completa) que a mecânica newtoniana – foi a teoria da relatividade de Einstein. Ou melhor, suas duas teorias da relatividade.

UM PARADOXO DESCONCERTANTE

* O que fez Einstein pensar sobre a relatividade foi um conflito entre a física newtoniana e as equações de Maxwell. Lembre-se de que um dos grandes triunfos das equações de Maxwell foi que elas automaticamente davam a velocidade com que ondas eletromagnéticas se propagam pelo espaço – um valor idêntico à velocidade da luz, que nunca varia.

a velocidade com que qualquer coisa o ultrapassa depende de quão rápido você estiver se movendo

A VELOCIDADE DA LUZ

A velocidade da luz é usualmente denotada pela letra c (de "constante"). Ela vale quase exatamente 300.000 quilômetros por segundo.

A VISÃO NEWTONIANA

* *Na mecânica newtoniana, por outro lado, a velocidade utilizada por qualquer coisa que o ultrapasse depende de quão rápido você estiver se movendo.* Se eu fico parado ao lado de uma estrada e um carro passa por mim a 60 quilômetros por hora, o carro pode ser visto como se movendo a 60 km/h em relação à estrada. E relativamente à estrada, eu estou estacionário. De maneira similar, se eu estou num carro que se move a 30 km/h e

trens

e barcos

e aviões

relação à estrada e sou ultrapassado por um carro que se move a 60 km/h em relação à estrada, então esse carro está viajando a 30 km/h em relação a mim, não a 60 km/h.

A VISÃO MAXWELLIANA

★ ***Mas, para a luz, as equações de Maxwell não dão espaço para um efeito desse tipo.*** Se estou parado ao lado da estrada e meço a velocidade da luz vinda dos faróis de um carro que está se movendo na minha direção a 60 km/h, de acordo com a mecânica newtoniana a velocidade medida deveria ser de $c + 60$. Mas, de acordo com as equações de Maxwell, a velocidade da luz é c, pura e simplesmente.

★ Não importa se a fonte de luz está se movendo na sua direção, ou se está se afastando, ou girando em círculos, ou parada. Na verdade, não importa se você está numa espaçonave viajando com metade da velocidade da luz em direção ao Sol e mede a velocidade da luz que vem do Sol. ***As equações de Maxwell insistem que a velocidade da luz é sempre*** c.

★ E se há duas espaçonaves, uma indo em direção ao Sol com metade da velocidade da luz, e outra se afastando do Sol com metade da velocidade da luz, ambas continuarão medindo a velocidade da luz que vem do Sol como c – da mesma forma como fará qualquer pessoa nos planetas, ainda que eles estejam orbitando em torno do Sol em diferentes velocidades.

Trens, não espaçonaves

Einstein não poderia, é claro, falar sobre espaçonaves. Na realidade, ele gostava de usar exemplos que envolviam trens ferroviários correndo ao longo dos trilhos. Mas o ponto subjacente era o mesmo: as equações de Maxwell não permitem que velocidades que incluem a luz se somem do modo descrito pela mecânica newtoniana – o modo do "senso comum", em que 2 + 2 = 4.

a velocidade da luz é a mesma, não importa como a fonte esteja se movendo

Maxwell *versus* Newton

Ao fim do século XIX, a visão newtoniana do mundo, estabelecida então por mais de 200 anos, tinha uma autoridade quase comparável à da Sagrada Escritura. Em contraste, a teoria de Maxwell da luz era uma recém-chegada, com umas poucas décadas de idade. Maxwell morreu em 1879, sem nunca ter alcançado a estatura quase mítica de Isaac Newton.

VISÕES EM CONFLITO

★ As poucas pessoas que estavam incomodadas com o aparente conflito entre as teorias newtoniana e maxwelliana tendiam a admitir que havia algo errado com as equações de Maxwell. Mas a grande virtude de Einstein era sua recusa em aceitar qualquer idéia pré-concebida.

as pessoas começaram a s
incomodar com o conflit
entre Maxwell e Newton

estou plantado aqui há horas

Newton era visto quase como Deus no século XIX

PENSANDO O IMPENSÁVEL

★ As próprias coisas que fizeram de Einstein um estudante medíocre – sua independência, seu questionamento das idéias alheias, e sua habilidade em trabalhar incansavelmente nos problemas que lhe interessavam – fizeram que ele começasse a pensar o impensável.

★ E se Maxwell estivesse certo e Newton estivesse errado? Como seria o mundo se as leis da mecânica realmente fossem enunciadas de forma tal que a velocidade da luz fosse exatamente a mesma para todos os observadores, em todo o Universo, não importa como estivessem se movendo uns em relação aos outros, ou relativamente à fonte da luz?

A TEORIA ESPECIAL DA RELATIVIDADE DE EINSTEIN

coisas se movendo em círculos

* *A princípio, Einstein se restringiu a objetos se movendo a velocidades constantes uns em relação aos outros – sempre com a mesma rapidez e em linhas retas.* Ele não tentou lidar com acelerações ou com objetos se movendo em círculos e outras trajetórias curvas. ***Esse é o sentido no qual a teoria que ele obteve em 1905 é "especial": o termo significa "restrita", como em algo que é um caso especial de um fenômeno mais geral.*** Mas ainda que sua teoria fosse restrita nesse sentido, ela era diferente de tudo o que se vira até então.

* Einstein descobriu que para a velocidade da luz ser a mesma para todos os observadores, as velocidades não podem se somar como imaginava Newton (2 + 2 = 4). ***Então ele formulou uma nova lei para descrever a maneira como as velocidades se somam, que é dada por uma expressão matemática simples.***

$$V = \frac{(v_1 + v_2)}{(1 + (v_1 v_2)/c^2)}$$

equação importante

A MATEMÁTICA DE NEWTON E A DE MAXWELL

Se v_1 e v_2 são as velocidades de dois objetos se movendo um em direção ao outro através do espaço, em termos newtonianos eles estariam se aproximando a uma velocidade resultante V, com $V = v_1 + v_2$. Mas, se seguirmos as equações de Maxwell, então temos de usar a expressão

$$V = \frac{(v_1 + v_2)}{(1 + (v_1 v_2)/c^2)}$$

Em outras palavras, a maneira newtoniana de somar velocidades tem de ser dividida por um número igual a 1 mais o resultado da multiplicação das duas velocidades dividido pelo quadrado da velocidade da luz.

as coisas estão começando a se complicar

NEWTON DIVIDIDO POR UM

★ Há duas coisas importantes sobre a equação de Einstein. A primeira é que se as velocidades envolvidas são muito menores que a velocidade da luz, na hora em que você as divide pelo quadrado da velocidade da luz, o que resta é muito pouco. Assim, na prática, você obtém a "resposta" newtoniana dividida por 1.

as contas de Einstein são difíceis de acompanhar

Relatividade faça-você-mesmo

É fácil usar uma calculadora de bolso para calcular exatamente como duas velocidades menores que *c* se somam de acordo com a mecânica einsteiniana. Tente calcular a velocidade relativa de duas espaçonaves que estão se aproximando frente a frente, cada uma se movendo a três quartos da velocidade da luz em relação a um observador na Terra. Você deverá descobrir que as pessoas dentro de cada espaçonave medirão a velocidade da outra como 0,96 *c*.

UMA DIFERENÇA IMPERCEPTÍVEL

★ Isto quer dizer que a baixas velocidades (baixas em comparação com a velocidade da luz) as velocidades resultantes estão quase tão de acordo com a mecânica newtoniana que você não consegue medir a diferença. *Em outras palavras, para coisas cotidianas como carros viajando em estradas, ou trens correndo por trilhos ferroviários, a maneira de Einstein de somar as velocidades dá exatamente as mesmas respostas que a de Newton.*

qual a velocidade deles em relação a nós?

estou indo o mais rápido que consigo

A VELOCIDADE DA LUZ MAIS A VELOCIDADE DA LUZ

** A outra característica importante do modo einsteiniano de somar velocidades é que se você olhar cuidadosamente para a nova equação, verá que nunca dá para somar duas velocidades que sejam menores que a da luz (menores que c) para obter uma velocidade relativa maior que a velocidade da luz.*

para velocidades muito menores que a velocidade da luz, Newton e Einstein dão a mesma resposta

* Se os dois objetos em que estamos interessados – espaçonaves, trens ou o que for – estiverem se movendo um em direção ao outro à velocidade da luz, então tanto v_1 quanto v_2 são iguais a c. Assim, a parte de cima da fração fica sendo 2 c. Mas v_1v_2 (que significa simplesmente $v_1 \times v_2$) torna-se $c \times c$, que é c^2, de modo que a parte de baixo da fração fica $(1 + c^2/c^2)$, que é 1 + 1, que qualquer criança sabe que dá 2. Assim os 2 s se cancelam, e a velocidade relativa V é igual a c. Na mecânica einsteiniana, $c + c = c$.

ao viajar, leve a mala

UM CASO ESPECIAL

A mecânica newtoniana não está "errada". Ela é, na verdade, a versão da mecânica einsteiniana que se aplica a velocidades muito menores que a velocidade da luz – um "caso particular" da teoria especial da relatividade. ***Dito de outra maneira, a mecânica newtoniana, em toda a sua glória, está inteiramente contida na descrição de Einstein do mundo.***

é brincadeira de criança

EXATAMENTE A MESMA?

*** Mas será que a nova maneira de somar velocidades realmente dá sempre a mesma velocidade para a própria luz? Sim, pois se v_1 ou v_2 forem iguais a c, então qualquer que seja a outra velocidade que você colocar no cálculo, o resultado que vai aparecer será sempre c – contanto que essa outra velocidade seja menor que c.**

DOIS COMENTÁRIOS

* Se você tentar fazer isso na sua própria calculadora, entretanto, provavelmente precisará colocar um monte de dígitos após a vírgula decimal para funcionar, pois calculadoras de bolso são apenas guias aproximados para a realidade, mas a natureza tem tantos pontos decimais quanto necessários para fazer o truque.

* *A velocidade da luz através do espaço de fato é exatamente a mesma para todos os observadores. Entretanto, é verdade que a luz fica levemente mais lenta*

PARADO NO ESPAÇO

Como o movimento relativo é tão importante, nós temos de deixar bem claro sobre o que exatamente estamos falando. ***Em toda esta discussão, imaginamos um observador parado no espaço, enquanto vários objetos passam em alta velocidade em relação ao observador.*** Para ilustrar esse ponto, Einstein escreveu sobre um observador parado na plataforma de uma estação, com trens velozes movendo-se pelos trilhos.

vários objetos passam em alta velocidade em relação ao observador *quando passa por algo como vidro, ou água, ou mesmo ar. Assim, estritamente falando, nossa discussão se aplica apenas à velocidade da luz viajando no espaço vazio – o vácuo.*

NA PISTA EXPRESSA

★ Em si mesma, a regra de Einstein para adição de velocidades não seria tão sensacional. *Ela é apenas uma parte de uma teoria abrangente que descreve o que acontece com objetos viajando a velocidades próximas da luz.*

★ Evidentemente, ela também descreve o que acontece com objetos em movimento lento – mas, para esses, como vimos, as equações de Einstein dão exatamente as mesmas respostas que as de Newton. *No contexto da teoria especial da relatividade, os objetos velozes são os mais interessantes.*

Efeitos relativísticos

As equações de Einstein nos dizem que a massa de um objeto em movimento (medida pelo observador) aumenta, enquanto seu comprimento (mais uma vez, medido pelo observador) diminui. Mais estranho ainda, elas também nos dizem que o tempo medido num relógio em movimento passa mais devagar que o tempo medido num relógio estacionário em relação ao do observador (ver p. 58).

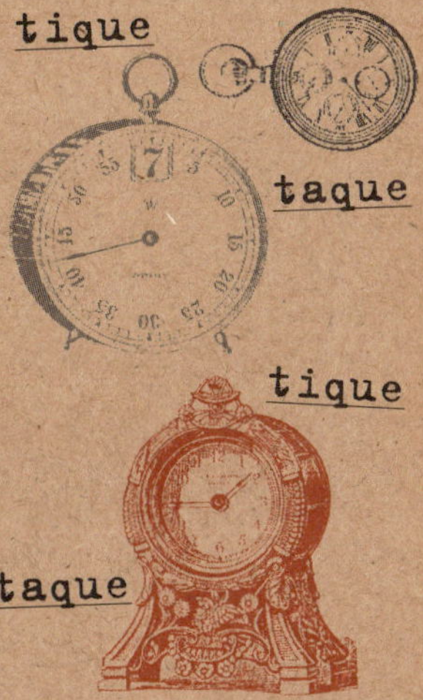

deve estar chegando à velocidade da luz

SIMPLES E ELEGANTEMENTE EXPRESSAS

★ Como na adição de velocidades, os efeitos relativísticos de Einstein são descritos por expressões matemáticas surpreendentemente simples. Com efeito, todos são descritos pelo mesmo fator de conversão.

O FATOR DE CONVERSÃO

★ Se v é a velocidade do objeto em relação ao observador, então a expressão que aparece nos cálculos é a raiz quadrada de $(1-v^2/c^2)$, que é denotada por $\sqrt{(1-v^2/c^2)}$. A massa de um objeto se movendo à velocidade v é igual à massa do mesmo objeto quando em repouso (relativamente ao observador) dividida por esse fator, enquanto o comprimento do objeto em movimento é igual ao seu comprimento quando estacionário (sempre denotado como o "comprimento de repouso") multiplicado por este fator.

★ *Quanto maior for* v *(até a velocidade da luz), menor é o fator (que é sempre menor que 1). Qualquer coisa que ele multiplique fica, portanto, menor, enquanto*

Relatividade no laboratório

Idéias sobre os efeitos da relatividade são difíceis de aceitar, mas todas foram testadas em experimentos. Os físicos brincam com coisas que se movem em velocidades próximas da luz quando eles disparam partículas carregadas tais como elétrons e prótons ao longo de tubos evacuados, em locais como o CERN (o laboratório europeu de física de partículas) ou como o Fermilab (seu equivalente norte-americano).

as contas são muito simples

conforme as coisas se aproximam da velocidade da luz, ficam menores

qualquer coisa dividida por ele fica maior. E o tempo entre os tiques de um relógio em movimento é igual ao tempo entre os tiques do mesmo relógio quando em repouso, novamente dividido pelo fator $\sqrt{(1-v^2/c^2)}$.

LEVADO AOS EXTREMOS

* Para velocidades baixas, v é muito menor que c. Assim, v^2/c^2 é pequeno, e o fator se reduz à raiz quadrada de 1, que é 1 mesmo. ***Então, não há qualquer diferença perceptível em relação ao mundo newtoniano.***
* No outro extremo, se v for igual a c, o fator vira zero (1 menos 1). Qualquer coisa multiplicada por zero é zero, e qualquer coisa dividida por zero é infinitamente grande. ***Conseqüentemente, conforme as coisas se aproximam da velocidade da luz elas ficam mais e mais pesadas, sem qualquer limite, e ao mesmo tempo ficam cada vez menores, encolhendo em direção ao nada. Para um relógio em movimento, os tiques se espaçam cada vez mais conforme sua velocidade se aproxima da luz. Qualquer coisa se movendo à velocidade da luz – incluindo a própria luz – não sente a passagem do tempo.***

TESTANDO A RELATIVIDADE

Monitorando como feixes de partículas respondem a campos magnéticos, é possível medir até que ponto as massas das partículas são alteradas pelos efeitos da relatividade. Até o mais estranho de todos os efeitos, o assim chamado EFEITO DE DILATAÇÃO DO TEMPO, foi medido (ver p. 58).

uma chama veloz

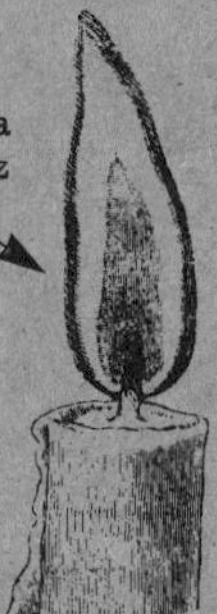

DILATAÇÃO DO TEMPO

* Vale a pena explicar como a dilatação do tempo pode ser monitorada em laboratório. Vou descrever uma versão idealizada hipotética do experimento. Apesar de ninguém ter feito um experimento exatamente assim, testes equivalentes foram realizados com arranjos experimentais um pouco mais complicados, e confirmaram a exatidão das equações de Einstein.

a natureza nos fornece uma variedade de "relógios" diferentes

PALAVRAS-CHAVE

DILATAÇÃO DO TEMPO: o "esticamento" do tempo (o tempo marcado num relógio em movimento passa mais devagar comparado ao relógio de um observador estacionário).

VIDA MÉDIA: o intervalo de tempo que partículas instáveis "vivem" numa determinada forma, antes de se transformarem espontaneamente em outra coisa.

DECAIMENTO MARCADO

* A natureza nos fornece uma variedade de "relógios" diferentes. *Por exemplo, quando partículas são produzidas em interações nucleares, elas vivem por um certo intervalo de tempo antes de serem espontaneamente convertidas em outras formas (no jargão dos físicos, elas "decaem"). Medições no laboratório nos dizem quanto tempo cada tipo de partícula vive antes de decair, quando está estacionária em relação ao observador.*

* Imagine uma partícula sendo disparada ao longo de um tubo perfeitamente evacuado, com exatamente 100 metros (10^4cm) de comprimento. Para esse exemplo, vamos escolher um tipo de partícula que se sabe

viver por exatamente um décimo de milionésimo (10^{-7}) de segundo, que é tipicamente a VIDA MÉDIA que essas partículas instáveis possuem. Mesmo se viajasse à velocidade da luz (que é de 3×10^{10} centímetros por segundo nessa notação), sem a dilatação do tempo, essa partícula só conseguiria viajar uma distância de 30 metros antes de expirar, pois $(3 \times 10^{10}) \times 10^{-7} = 3 \times 10^{3}$ cm = 30 m. Nesse experimento em particular, ela não conseguiria percorrer nem metade do tubo.

O FATOR DE CORREÇÃO RELATIVÍSTICO

Esse é o número usado no cálculo de quanto um relógio em movimento fica lento ou quanto um objeto em movimento encolhe, comparado com as propriedades do mesmo objeto em repouso.

VIAJANDO PELO TUBO

★ Agora imagine uma partícula idêntica viajando a doze treze avos da velocidade da luz (mais uma vez, uma velocidade totalmente realista neste tipo de experimento), e permita a dilatação do tempo.

★ Sem a dilatação do tempo, a partícula percorreria 30 x ($^{12}/_{13}$) metros pelo tubo – uma distância de 27,7 metros. Mas (como você pode facilmente verificar, usando o fator de correção relativístico e sua calculadora de bolso), a doze treze avos da velocidade da luz, a vida média da partícula é esticada por um fator de 2,6. Já que ela vive 2,6 vezes mais (de acordo com os relógios estacionários no laboratório), ela consegue chegar 2,6 vezes mais longe dentro do tubo – uma distância de 72 metros.

★ ***Medindo o quanto tais partículas viajam em experimentos desse tipo, os físicos observaram a dilatação do tempo na prática e confirmaram em muitas ocasiões que ela realmente obedece às equações de Einstein.***

quão lentamente este relógio está funcionando?

MAS ENTÃO, O QUE A PARTÍCULA VÊ?

★ Como as coisas aparecem do ponto de vista da partícula? Um dogma-chave da teoria de Einstein é que (enquanto estivermos lidando com velocidades constantes) o objeto em movimento tem o direito de se considerar em repouso. Não há razão para ele sentir qualquer um dos efeitos de que estamos falando: ele não se sente mais pesado, nem nota que encolheu, nem detecta qualquer coisa errada com seus relógios. Então, como ele pode viajar mais longe no tubo do que "deveria"?

É O LABORATÓRIO QUE SE MOVE

★ *De acordo com Einstein, como a partícula tem direito de se enxergar como estacionária, conclui-se que o laboratório (e todas as outras coisas na Terra) é que está passando por ela a doze treze avos da velocidade da luz.*

★ Mas, como já mencionado, a partícula vive apenas por um milionésimo de segundo. Entretanto, o tubo que está passando por ela é "encolhido" por sua alta velocidade – e é encolhido exatamente pelo mesmo fator que usamos no cálculo da dilatação temporal, 2,6. Assim, a partícula continua indo 2,6 vezes mais

PALAVRA-CHAVE

REFERENCIAL: lugar de onde se fazem as medições – o "ponto de vista" de um observador.

longe dentro do tubo do que iria se não houvesse efeitos relativísticos operando.
Tudo se encaixa e funciona perfeitamente, não importa como você esteja se movendo, ***contanto que você esteja se movendo numa velocidade constante.***

REFERENCIAIS

* ***Coisas que estão se movendo a uma certa velocidade (constante) estão em um determinado*** REFERENCIAL, ***e qualquer referencial pode ser escolhido como aquele a partir do qual você faz suas medições.*** Os observadores em cada referencial acham que seus próprios relógios, réguas e tudo o mais são perfeitamente normais, e que as réguas e os relógios das outras pessoas é que são afetados pelos efeitos relativísticos. Mas quando você compara dados com observadores em outros referenciais, ***você sempre obtém respostas consistentes sobre como o Universo funciona – não necessariamente as mesmas respostas, mas consistentes.***

DIFERENTES PONTOS DE VISTA

Como observadores se movendo a diferentes velocidades estão em referenciais diferentes, cada um deles tem sua própria imagem do Universo e suas próprias idéias sobre, digamos, de quem são os relógios que estão funcionando lentamente.
Observadores em dois referenciais diferentes não concordariam nem em relação à massa de um objeto passando por eles num terceiro referencial. Mas eles podem aceitar a diferença, pois cada um deles pode calcular qual massa o objeto teria se fosse trazido ao repouso em seu próprio referencial, e vão obter a mesma resposta a este cálculo.

NOVAMENTE AQUELE RELÓGIO EM MOVIMENTO

★ Há mais um exemplo que vale a pena olhar em detalhes, que nos ajuda a entender como e por que um relógio em movimento pode funcionar devagar. As pessoas freqüentemente discutem sobre qual tipo de relógio é mais confiável, e talvez você esteja preocupado sobre como a mudança na massa do relógio em movimento poderia afetar suas propriedades de marcação do tempo. Mas há um relógio definitivo com o qual não se pode discutir, que é a própria luz.

a famosa equação de Einstein

A FAMOSA EQUAÇÃO DE EINSTEIN

Esse negócio de objetos em movimento ganharem massa explica-nos de onde vem $E = mc^2$, a mais famosa equação da ciência. De acordo com a física newtoniana, ao empurrar um objeto, você lhe confere energia e ele se move mais rápido – ele ganha energia cinética simplesmente pelo aumento em sua velocidade (a aceleração é igual à força dividida pela massa). ***Mas na física einsteiniana, uma parte da energia que você dá a um objeto quando o empurra vai para o aumento da velocidade – e uma parte vai para o aumento da massa.*** Isso lhe diz que ***massa e energia são equivalentes e intercambiáveis***, e leva à relação expressa pela famosa equação de Einstein através de um cálculo um pouquinho complicado demais para que nos preocupemos com ele agora.

quanto mais rápido você empurra, mais pesado fica

TEMPO LUMINOSO

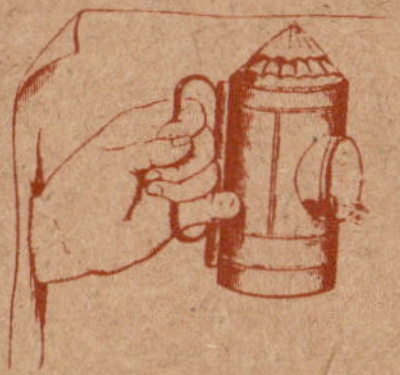

★ *Como a luz sempre viaja à mesma velocidade, para todos os observadores, ela fornece a medida definitiva do tempo.*

Podemos definir um segundo como o tempo que a luz gasta para viajar uma certa distância (e esta é, de fato, a maneira como o tempo é definido atualmente, em razão das propriedades de um comprimento particular de onda de luz emitido por átomos de césio).

★ ***Não há discussão a respeito disso. Em qualquer referencial, você pode escolher a luz de qualquer fonte no Universo, medir quanto ela gasta para cobrir uma certa distância, e descobrir quanto tempo se passou.***

Precisão garantida

O relógio definitivo deveria ser um tipo de relógio de luz, em que ela ficasse se refletindo para cima e para baixo entre dois espelhos perfeitamente brilhantes, situados a uma distância-padrão (talvez um metro). Cada batida do relógio corresponderia ao tempo que um pulso de luz gastou para ir do espelho de cima ao espelho de baixo e voltar novamente para cima, fornecendo um ritmo constante para qualquer pessoa que estivesse no mesmo referencial do relógio.

LUZ EM ZIGUEZAGUE

*** Como as coisas aparecem para um observador em outro referencial, observando o relógio de luz, que acabamos de descrever, passar por ele em uma velocidade constante? Nós temos de ter em mente que o pulso de luz está se movendo tanto lateralmente quanto para cima e para baixo. No tempo que o pulso gasta para viajar do espelho superior para o espelho inferior, o relógio inteiro se move para o lado.**

O teorema de Pitágoras

O quadrado da hipotenusa de um triângulo-retângulo é igual à soma dos quadrados dos outros dois lados.

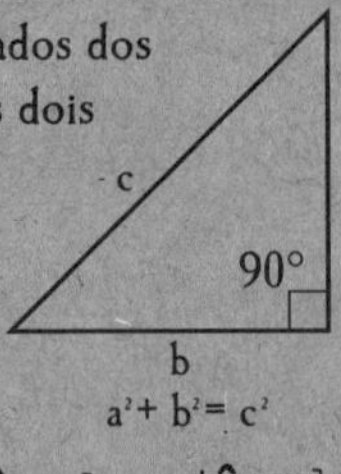

$a^2 + b^2 = c^2$

triângulo-retângulo

PALAVRA-CHAVE

ESPAÇO-TEMPO: união do tempo com as três dimensões do espaço, formando um todo quadridimensional.

ENTRA PITÁGORAS

* Para o observador no segundo referencial, o pulso de luz viaja ao longo de uma trajetória diagonal até o outro espelho, e ao longo de uma trajetória diagonal equivalente na volta ao espelho de cima. Conforme esse processo se repete, a luz ziguezagueia entre os dois espelhos.

* *Qualquer um que se lembre de ter aprendido sobre triângulos-retângulos e o teorema de Pitágoras na escola estará ciente de que a trajetória diagonal percorrida pelo feixe de luz é a hipotenusa de um*

Pitágoras

triângulo-retângulo, de modo que é mais longa que a trajetória vertical entre os espelhos. Como é uma trajetória mais longa, a luz deve demorar mais para completar sua jornada. O relógio em movimento deve, portanto, funcionar mais devagar.

★ A geometria de triângulos-retângulos nos diz quão mais longa é a trajetória, e, assim, quão mais lento está o relógio em movimento. O fator de correção é, evidentemente, o fator relativístico de Einstein que encontramos antes: $\sqrt{(1-v^2/c^2)}$.

★ Quanto mais rápido se move o relógio em movimento, mais o pulso de luz é forçado a um ziguezague esticado – até que à velocidade da luz ele está se movendo lateralmente tão rápido quanto na vertical, e nunca consegue completar uma só jornada entre os espelhos. ***O tempo não passa para qualquer coisa que se mova à velocidade da luz.***

ESPAÇO E TEMPO COMBINADOS

O relógio de luz em ziguezague é um exemplo particularmente bom do funcionamento da relatividade porque ele nos mostra ***a importância de olhar para espaço e tempo em conjunto***, quando estamos tentando entender as implicações da teoria especial de Einstein.

O conceito de espaço-tempo

Já se tornou um clichê – quase tão familiar quanto a própria $E = mc^2$ – que a teoria especial de Einstein tem a ver com a geometria quadridimensional do ESPAÇO-TEMPO (ver p. 70), uma união de espaço e tempo. Assim, pode ser surpreendente descobrir que essa união geométrica de espaço e tempo não foi idéia de Einstein.

Na verdade, a princípio ele não ficou muito impressionado com ela.

PALAVRA-CHAVE

EXTENSÃO: (no espaço-tempo) o equivalente quadridimensional do comprimento.

Hermann Minkowski

Hermann Minkowski (1864-1909)

Nascido na Lituânia (então sob domínio russo), Minkowski foi professor de matemática do Instituto Federal de Tecnologia de Zurique, na época em que Einstein estudou lá. Ele declarou que, quando estudante, Einstein "jamais se importou com matemática". Minkowski morreu de apendicite antes que sua conferência unindo geometria e relatividade fosse publicada.

VISUALIZANDO A RELATIVIDADE

* Em 1905, e por muitos anos subseqüentes, Einstein apresentou sua teoria especial em termos algébricos (equações), não em termos geométricos (imagens). As equações funcionam perfeitamente bem, evidentemente - mas elas não lhe dão uma noção física sobre o que está acontecendo quando coisas se movem em velocidades que são uma fração considerável da velocidade da luz.

MINKOWSKI REAPARECE

* Foi só em 1908 que o velho professor de Einstein, **Hermann Minkowski** – que havia descrito Einstein como um "bicho preguiça" – apareceu com uma versão geométrica da teoria especial, que a tornou muito mais acessível e inteligível para não-matemáticos. *Minkowski*

introduziu a idéia do tempo como a "quarta dimensão", de algum modo perpendicular às três dimensões familiares do espaço (altura, largura, profundidade). Isso conduziu à idéia de que as coisas possuem uma propriedade chamada EXTENSÃO, *que é o equivalente quadridimensional do comprimento.*

você pode fazer a sombra maior ou menor que o comprimento da régua

A QUARTA DIMENSÃO

* Uma régua, por exemplo, tem um comprimento bem definido em três dimensões. Mas se você a segura de tal modo a produzir uma sombra no chão, poderá fazer a sombra maior ou menor que o comprimento da régua.

* **Da mesma forma, uma régua (ou qualquer outra coisa) tem uma extensão em quatro dimensões (no espaço-tempo) que permanece a mesma. Mas o movimento relativo muda a sua perspectiva da extensão – como se a régua estivesse sendo torcida no espaço-tempo.** Conforme a régua se move mais rápido, *a sombra no espaço* fica menor e a *sombra no tempo* fica maior. E quando ela se move mais devagar, ocorre o inverso (a sombra no espaço aumenta e a sombra no tempo diminui).

A UNIÃO DE ESPAÇO E TEMPO

Em sua palestra, Minkowski fez uma previsão portentosa: "as idéias de espaço e tempo que eu pretendo apresentar-lhes brotaram do solo da física experimental, e nele reside sua força. Elas são radicais. Daqui em diante, o espaço em si mesmo e o tempo em si mesmo estão fadados a esmaecer em meras sombras, e apenas um tipo de união dos dois preservará uma realidade independente".

A TEORIA GERAL DE EINSTEIN

* A teoria geral da relatividade recebe esse nome porque lida com o movimento em geral, incluindo acelerações, e não apenas o movimento em linha reta com velocidade constante. Mas ela faz muito mais que isso. Ela explica também a gravitação. Como Einstein sugeriu, um homem caindo de um telhado não sentiria a força da gravidade – ele pode até ter consciência de que está acelerando à medida que cai, no entanto falta-lhe peso.

Rumo à teoria geral

A partir do momento em que Minkowski apresentou sua própria versão da teoria especial da relatividade, a reputação de Einstein decolou, e, em 1909, ele finalmente deixou o escritório de patentes e assumiu seu primeiro cargo acadêmico. A princípio, Einstein relutava em aceitar que um de seus velhos professores tivesse aparecido com uma boa idéia. Mas quando, enfim, ele adotou a idéia da geometrização do espaço-tempo, esta o ajudou a desenvolver sua obra-prima – a teoria geral da relatividade.

ACELERAÇÃO E GRAVIDADE

* Há muitos exemplos conhecidos daquilo que Einstein quis dizer. O mais simples é um elevador de alta velocidade. Quando o elevador começa a acelerar, ao iniciar seu movimento para cima, você se sente mais

venham por aqui para uma demonstração da teoria geral de Einstein

pesado e é pressionado contra o chão; quando ele freia (desacelera), você se sente leve e como se ficasse na ponta dos pés. A aceleração do elevador age exatamente igual à gravidade. Não apenas de modo ***semelhante*** à gravidade, mas ***exatamente igual***, porque aceleração é exatamente o mesmo que gravidade – que foi a gigantesca sacada de Einstein.

* No que diz respeito a quaisquer experimentos científicos para testar a teoria, se você estivesse para sempre dentro de um elevador sem janelas em constante aceleração, certamente não conseguiria dizer se ele estaria acelerando ou em repouso sobre a superfície de um planeta.

Einstein percebeu que aceleração e gravidade são idênticas

ATALHO CONVENIENTE

Einstein lutou por muitos anos para encontrar um caminho para uma teoria geral, que incluísse a aceleração, e posteriormente disse que a sacada mais bem-sucedida de toda a sua carreira veio quando ele percebeu que aceleração e gravidade são a mesma coisa. Não há necessidade de tentar acompanhar as complexidades matemáticas do raciocínio de Einstein que o levaram dessa percepção a uma teoria completa da gravidade. Podemos pular para a sua forma já acabada, usando a geometrização do espaço-tempo imaginada por Minkowski.

O ESPAÇO-TEMPO DE MODO INTELIGÍVEL

* A maioria das pessoas tem problemas em visualizar quatro dimensões, de modo que os relativistas usam um truque elegante para tornar o espaço-tempo mais inteligível. Imagine as três dimensões do espaço representadas por apenas uma dimensão. O tempo é agora a segunda dimensão, perpendicular a este miniespaço.

Partes desiguais

Há uma desigualdade entre a parte temporal e a parte espacial do espaço-tempo. Como a velocidade da luz é de 300.000 km por segundo, um segundo de tempo é, de alguma maneira, equivalente a 300.000 km de espaço. Se existisse uma engenhoca que trocasse as dimensões do espaço e do tempo de modo que você pudesse viajar no tempo como se caminhasse por uma avenida, você teria de andar 300.000 km (três quartos da distância até a Lua) para voltar no tempo apenas um segundo.

QUANDO A MATÉRIA ESTÁ AUSENTE

* Imagine o espaço-tempo como uma folha de borracha firmemente esticada, como a superfície de uma cama elástica. A presença de matéria no espaço-tempo é representada por um calombo na cama elástica. Sem matéria, o espaço-tempo é plano. Se você rolar uma bolinha de gude pela folha sem calombo, ela percorrerá uma trajetória retilínea.

★ *A mecânica do espaço-tempo plano é, de fato, nada mais que a teoria especial da relatividade. E como a teoria geral inclui a teoria especial, tudo o que aprendemos sobre réguas e relógios em movimento é relevante para a teoria geral também.*

CALOMBOS NO ESPAÇO-TEMPO

★ Agora imagine o que acontece se você colocar uma bola de boliche na folha de borracha esticada, para representar o Sol. Com o Sol em seu devido lugar, o espaço-tempo fica curvo. Se você rolar uma bolinha de gude perto do calombo no espaço-tempo produzido pela presença de matéria, ela percorrerá uma trajetória curva e será desviada.

um eclipse solar em 1919 forneceu evidência para a teoria de Einstein

★ *Como é o próprio espaço-tempo que se curva, esse desvio acontece para qualquer coisa que se mova através dele – para qualquer partícula, obviamente, mas também para a luz. A matéria diz ao espaço-tempo como se curvar; e o espaço-tempo diz tanto à matéria quanto à luz como se mover.*

DÚVIDAS ECLIPSADAS

A teoria geral da relatividade de Einstein foi publicada em 1916. Entre outras coisas, ela sugeriu que qualquer luz vinda das estrelas distantes, que passasse perto do Sol, seria levemente desviada, em razão da curvatura do espaço-tempo perto do Sol. Normalmente, você não consegue ver as estrelas que estão na direção do Sol (porém, muito distantes), porque ele é muito brilhante. Em 1919, no entanto, houve um eclipse total do sol, com estrelas visíveis em pleno dia. Fotografias tiradas durante o eclipse mostraram que as posições aparentes das estrelas tinham mudado levemente. O tamanho do desvio mostrou-se exatamente igual àquele que a teoria geral de Einstein tinha previsto.

POÇOS SEM FUNDO NO ESPAÇO

* Continuando com nossa analogia com a cama elástica, imagine colocar um objeto tão pesado na folha de borracha que ela se estique até rasgar, formando um buraco. Se você tivesse uma concentração suficiente de massa numa região suficientemente pequena do espaço, você conseguiria curvar tanto o espaço-tempo que ele se isolaria do resto do Universo, criando um poço sem fundo no meio do espaço plano. Isso é o que astrônomos e físicos chamam de um buraco negro.

PALAVRAS-CHAVE

OBJETO ENERGÉTICO: um objeto que irradia a maior parte de sua energia na forma de luz ultravioleta, raios gama ou raios X.
ESTRELA DE NÊUTRONS: pequeno corpo com densidade muito grande, resultante do colapso de uma estrela com grande massa.
ESTRELA DE RAIOS X: estrela que "brilha" nas freqüências de raios X.
QUASAR: o núcleo central brilhante de uma galáxia (mais brilhante que todas as estrelas da Via-Láctea juntas).

OBJETOS ENERGÉTICOS...

* A matemática dos buracos negros foi desenvolvida por **Karl Schwarzschild** (1873-1916) logo antes da publicação da teoria geral da relatividade (Schwarzschild já tinha recebido de Einstein informações sobre a teoria). Ainda assim, sua teoria foi considerada não mais que uma curiosidade matemática até os anos 60, quando a descoberta de OBJETOS ENERGÉTICOS no espaço (ESTRELAS DE RAIOS X e QUASARES) levou os astrônomos a cogitar que buracos negros poderiam mesmo existir. ***Hoje, eles***

objetos em torno de buracos negros irradiam uma porção de energia e são muito brilhantes

estão firmemente estabelecidos como parte do Universo no qual vivemos.

...E GLUTÕES

* Acredita-se que objetos de alta energia como estrelas de raios X e quasares estão associados a buracos negros porque o intenso puxão gravitacional de um buraco negro atrai a matéria, que forma um disco espiralado (chamado disco de acreção) em volta do buraco. ***O material flui da borda interior desse disco e é sugado pelo buraco, do qual nada – nem mesmo a luz – consegue escapar.***

* Mas no disco espiralado, logo na entrada do buraco, partículas colidem violentamente e ficam muito quentes, de modo que irradiam raios X, ondas de rádio e luz visível. ***Conseqüentemente, apesar de os próprios buracos negros serem invisíveis, a atividade em volta deles produz alguns dos objetos mais brilhantes do Universo.*** Os buracos negros são glutões, e não escondem isso.

Buracos negros

Os buracos negros foram batizados pelo físico norte-americano **John Wheeler** em 1967, mas sua existência tinha sido postulada décadas antes pelo astrônomo indiano **Subrahmanyan Chandrasekhar** (1910-1995). Um buraco negro, sugeriu ele, deveria ter muito mais massa que o nosso Sol, concentrada numa bola com cerca de 3 km de diâmetro – o que parecia sem sentido para os cientistas dos anos 30. No entanto, nos anos 50, os astrônomos descobriram estrelas de nêutrons com cerca de 10 km de diâmetro contendo tanta massa quanto nosso Sol. Isso está tão perto de ser um buraco negro que tornou a idéia respeitável. ***Buracos negros de verdade, na forma de estrelas de raios X, foram primeiramente identificados nos anos 70.***

John Wheeler

PRODUZINDO BURACOS NEGROS

★ Um buraco negro é simplesmente uma região do espaço-tempo na qual a gravidade é intensa o suficiente para curvar o espaço-tempo em volta, a ponto de destacá-lo do resto do Universo. Há dois modos de produzir um buraco negro.

Karl Schwarzschild

Karl Schwarzschild (1873-1916)

Schwarzschild manteve contato com os desenvolvimentos científicos mesmo enquanto serviu como especialista técnico na Frente Oriental, durante a Primeira Guerra. Após contrair uma doença incurável, ele recebeu baixa do exército por invalidez e foi para Potsdã. Lá, em seu leito de morte, desenvolveu a matemática daquilo que depois ficaria conhecido como a teoria dos buracos negros.

MÉTODO NÚMERO UM

★ *O primeiro (aquele que Schwarzschild vislumbrou) é tomar qualquer massa e espremê-la num volume suficientemente pequeno.* Admitindo que a massa é a mesma, quanto menor é um objeto maior é o puxão da gravidade em sua superfície – e mais curvo é o espaço-tempo. O Sol, por exemplo, iria tornar-se um buraco negro se pudesse ser espremido numa esfera com apenas 2,9 km de raio. Mas esse truque é mais difícil de executar com massas menores.

buracos negros engolem matéria de todo lugar à sua volta

Para tornar a Terra um buraco negro, você deveria espremê-la até ficar com apenas 0,88 cm de raio.

a Terra teria de ser muito espremida para formar um buraco negro

MÉTODO NÚMERO DOIS

★ *O outro modo de criar um buraco negro é adicionar mais massa, aumentando assim a intensidade do campo gravitacional associado ao objeto, sem aumentar sua densidade.* Por exemplo, imagine que você pudesse empilhar estrelas como o Sol sem que elas se fundissem num só corpo, nem encolhessem em razão do próprio peso. Quando tivesse formado um objeto com um raio umas 500 vezes maior que o do Sol – mas com a mesma densidade dele –, então o espaço-tempo novamente se curvaria tanto em torno do objeto que nada conseguiria escapar. Ele teria se tornado um buraco negro.

★ *Ele teria apenas a densidade da água, mas seria tão grande quanto nosso Sistema Solar.* De fato, você poderia fazer um buraco negro de água, se tivesse água o suficiente – ainda que fosse precisar do equivalente a alguns milhões de vezes a massa do Sol.

uma grande massa num pequeno volume criaria um buraco negro

NOSSO BURACO NEGRO LOCAL

Acredita-se que buracos negros tão grandes quanto nosso Sistema Solar inteiro e contendo tanta massa quanto alguns milhões de sóis existam nos corações de algumas galáxias e em quasares. Pode até mesmo haver um buraco negro um pouco menor no centro da nossa própria galáxia, a Via-Láctea, não mais em atividade – provavelmente porque já engoliu toda a matéria em sua vizinhança.

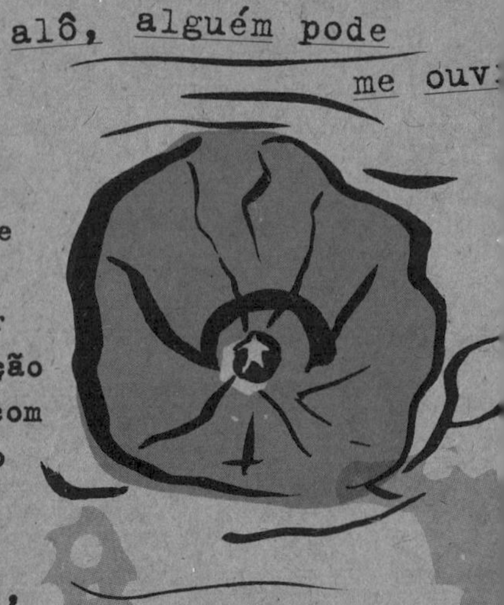

TUDO ENTRA, NADA SAI

*** Uma característica-chave de um buraco negro é que qualquer coisa pode entrar nele, puxada por sua atração gravitacional (de acordo com a velha imagem), ou caindo em sua escarpa íngreme no espaço-tempo (de acordo com a física einsteiniana), mas nada pode sair – nem mesmo a luz.**

DESTINO SINGULAR

* As equações que descrevem os buracos negros descrevem a matéria rumando inexoravelmente para seu destino fatal em um ponto matemático chamado de SINGULARIDADE, no centro do buraco. Na singularidade, as leis da física conhecidas deixam de valer.

* Houve especulações de que coisas rumando para uma singularidade podem escoar através do HIPERESPAÇO e emergir em outros universos, ou em outras partes do nosso próprio Universo. Mas essas idéias não são mais que especulações.

DOS BURACOS NEGROS PARA O UNIVERSO

No fim dos anos 20, dois astrônomos norte-americanos descobriram que galáxias além da Via-Láctea estão se afastando umas das outras, o que implicou que o Universo está se expandindo. ***A teoria geral de Einstein tinha, em certo sentido, previsto essa descoberta, que permaneceu a pedra angular da cosmologia desde então. A versão contrativa de suas equações descreve o que ocorre em buracos negros. A versão expansiva descreve o que ocorre no Universo aberto.***

IGUALMENTE APLICÁVEL

★ *Como com as outras equações fundamentais da física, as equações de Einstein funcionam perfeitamente, qualquer que seja a direção da passagem do tempo.* As mesmas equações que descrevem a matéria e a radiação rumando para a ruína em uma singularidade podem ser invertidas para descrever matéria e radiação explodindo de uma singularidade e se espalhando por um espaço-tempo em germinação.

★ *São essas equações que descrevem o Universo em expansão do* BIG-BANG *e também fornecem o que parece ser uma descrição muito boa do Universo em que vivemos.*

o big-bang foi a explosão da qual nasceu o Universo

PALAVRAS-CHAVE

SINGULARIDADE: um ponto matemático com volume zero.

HIPERESPAÇO: extensão da idéia de um espaço-tempo quadridimensional para mais dimensões (o espaço-tempo quadridimensional pode estar imerso no hiperespaço, do mesmo modo que uma folha de papel bidimensional está imersa no espaço tridimensional).

BIG-BANG: a explosão da qual nasceu o Universo – em estado superquente, superdenso, possivelmente a partir de uma singularidade.

O Universo em expansão

Em 1917, Einstein encontrou pela primeira vez a idéia de um Universo em expansão. Naquele tempo, ninguém sabia que o Universo estava se expandindo, de modo que Einstein ficou completamente frustrado quando suas soluções cosmológicas para as equações da teoria geral lhe mostraram que o Universo só poderia estar se expandindo ou contraindo, mas não estacionário.

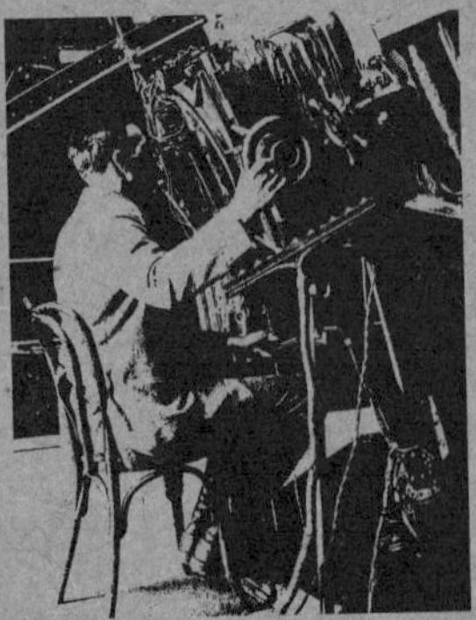

Edwin Hubble observando pelo Hooker de 100 polegadas

HUBBLE E HUMASON

Os dois astrônomos norte-americanos que descobriram que o Universo está em expansão foram **Edwin Hubble** (1889-1953) e **Milton Humason** (1891-1972). Em geral, Hubble fica com todo o crédito, ainda que Humason tenha obtido os dados importantíssimos que Hubble interpretou. Humason era o melhor observador astronômico de sua geração e usou o melhor telescópio do mundo naquela época, o gigantesco refletor novo em Monte Wilson, Califórnia. Suas medições do espectro da luz de galáxias distantes revelaram um EFEITO DE DESLOCAMENTO PARA O VERMELHO, que Hubble interpretou como evidência de que todas as galáxias estão se afastando.

ALÉM DE EINSTEIN

★ Mesmo a teoria geral da relatividade de Einstein não é a última palavra sobre o assunto gravidade. Ela não pode ser, pois não consegue descrever o que ocorre nas singularidades. Os físicos não sabem como será a teoria definitiva do Universo. Mas eles têm uma boa idéia do tipo de teoria que é necessária para explicar tais fenômenos.

Hubble e Huma[son] estabeleceram o Universo e[stá] em expansã[o]

FRAGMENTOS DE ESPAÇO E TEMPO

★ O problema com a teoria geral de Einstein é que ela ainda é, até certo ponto, uma teoria “clássica”. *Como a mecânica newtoniana, ou a descrição de Maxwell da luz, ela lida com coisas que variam suavemente e continuamente de lugar para lugar e ao longo do tempo.*

* Com efeito, ela não leva em conta a outra grande revolução na física ocorrida nas primeiras décadas do século XX, a teoria da MECÂNICA QUÂNTICA – *que descreve o mundo das coisas muito pequenas (átomos ou menores) e, numa ruptura completa com tudo o que veio antes, afirma que o mundo não é suave e contínuo, mas é fragmentado em pequenos pedaços chamados* QUANTA. E não apenas em pequenos pedaços de matéria, mas também em pequenos pedaços de radiação, e até mesmo em pequenos pedaços de espaço e em pequenos pedaços de tempo.

PALAVRAS-CHAVE

EFEITO DE DESLOCAMENTO PARA O VERMELHO: um alongamento da luz, causado pela expansão do Universo; que desloca elementos do espectro visível em direção à sua extremidade vermelha.

QUANTUM (PLURAL QUANTA): menor quantidade que é possível ter de alguma coisa, ou a menor variação que se pode fazer.

MECÂNICA QUÂNTICA: regras de comportamento que se aplicam a objetos muito pequenos (átomos ou menores).

UMA IDÉIA ESQUISITA

* O que precisamos para completar nossa descrição do mundo é de uma teoria quântica da gravitação – e mais à frente veremos onde as pessoas estão procurando uma teoria desse tipo. Mas primeiro, o que são quanta, e como os físicos apareceram com uma idéia tão esquisita?

* ***Mais uma vez, uma revolução no pensamento científico surgiu de um quebra-cabeça sobre a natureza da luz.*** Lá pelo fim do século XIX, os físicos perceberam que se a luz realmente se comportasse como ondas clássicas (como ondas numa corda dedilhada de um violão ou ondulações num lago), então eles não conseguiriam explicar como ela é irradiada por um objeto aquecido, como uma chama de vela, ou um pedaço incandescente de ferro, ou o Sol.

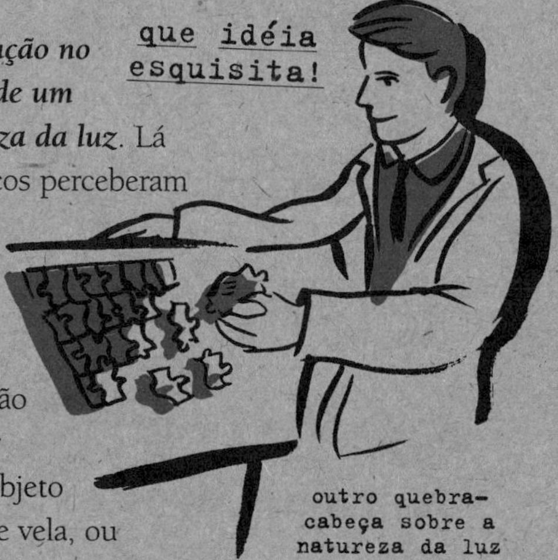

outro quebra-cabeça sobre a natureza da luz

você pode ver o espectro visível da luz num arco-íris

O QUEBRA-CABEÇA SOBRE A LUZ

* Um objeto aquecido irradia luz (energia eletromagnética) porque partículas carregadas (elétrons) estão vibrando dentro dele. A luz vermelha tem o maior comprimento de onda (menor freqüência) no espectro visível da luz, que vai do vermelho até o violeta, passando pelo laranja, amarelo, verde, azul e azul-marinho. E logo após a extremidade violeta do espectro visível há uma forma de radiação eletromagnética invisível a nossos olhos, chamada de luz ultravioleta.

A NATUREZA DO QUEBRA-CABEÇA

O quebra-cabeça sobre a natureza da luz pode ser expresso de maneira muito simples, sem qualquer matemática. A física clássica ensina, e os experimentos confirmam, que se você gastar energia produzindo ondulações, mais energia vai ser utilizada para fazer ondas de alta freqüência (menor comprimento de onda) do que para fazer ondas de baixa freqüência (maior comprimento de onda).

A CATÁSTROFE DO ULTRAVIOLETA

* De acordo com a teoria clássica, todo objeto aquecido deveria irradiar energia preferencialmente em pequenos comprimentos de onda (alta freqüência) – isto é, na extremidade violeta e ultravioleta do espectro. *Assim, quando possível, qualquer objeto aquecido iria irradiar toda a sua energia num pulso de radiação ultravioleta* (ou mesmo em menores comprimentos de onda, ainda que raios X e raios gama fossem

ferreiro

desconhecidos na época em que o quebra-cabeça foi formulado). *Isso ficou conhecido como a catástrofe do ultravioleta – uma catástrofe para a física clássica, porque a natureza claramente não se comportava assim.*

qualquer objeto aquecido deveria irradiar toda a sua energia num pulso de radiação ultravioleta

BRILHO VISÍVEL

* O que realmente ocorre quando um objeto como um pedaço de ferro é aquecido a temperaturas cada vez mais altas é que, a princípio, a maior parte da energia é irradiada como calor infravermelho, em comprimentos de onda demasiado longos para vermos com nossos olhos. Então, ele começa a brilhar. Primeiro fica vermelho incandescente – daí, a temperaturas sucessivamente maiores, laranja e azul esbranquiçado. Quanto mais quente o objeto, menor o comprimento de onda em que a maior parte de sua energia é irradiada.

* A maneira pela qual a radiação de um objeto aquecido depende de sua temperatura é conhecida como RELAÇÃO DE CORPO NEGRO, porque as equações que descrevem como a energia é absorvida por um objeto perfeitamente negro também descrevem como a energia é irradiada pelo mesmo objeto quando aquecido. *Esse é outro exemplo de como as equações da física não percebem a direção do tempo – emissão de radiação é a contrapartida invertida no tempo de absorção de radiação.*

Energia de pico

A relação de corpo negro foi desenvolvida a partir de experimentos que envolviam objetos aquecidos, antes que houvesse uma teoria para explicá-la. ***O desconcertante é que esses experimentos mostraram que, ainda que um pouquinho de energia seja irradiada em comprimentos de onda maiores e menores, o pico de emissão de um corpo negro é centrado numa determinada faixa estreita de comprimentos de onda, que depende apenas da sua temperatura.***

é um truque da luz

CAPÍTULO 3

O MUNDO QUÂNTICO

★ A resposta para o quebra-cabeça sobre a natureza da luz foi dada por Max Planck, **em 1900. Planck percebeu que o problema poderia ser resolvido se os objetos radiantes (que hoje identificaríamos como átomos) só pudessem emitir (ou também absorver) energia eletromagnética em determinadas quantidades fixas, que ele chamou de quanta.**

QUANTIDADES DE QUANTA

Planck imaginou os átomos capazes de fornecer luz apenas em determinados quanta – como uma máquina de refrescos que foi projetada para fornecer sucos de frutas em determinadas quantidades, para combinar com os tamanhos dos copos. A máquina só fornece suco em copos pequeno, médio ou grande. Mas o fato de você só poder obter suco dessa máquina em três quantidades não significa que o suco de frutas jamais exista em outras quantidades. ***Simplesmente essa máquina foi programada para fornecer apenas nesses três "quanta".***

QUANTIFICANDO OS QUANTA

★ *Os quanta de luz de uma certa freqüência teriam de carregar uma determinada quantidade de energia, proporcional à freqüência (e, assim, inversamente proporcional ao comprimento de onda) da luz em questão.* A constante de proporcionalidade necessária para fazer a teoria se ajustar às observações podia ser obtida a partir de experimentos – e hoje é conhecida como constante de Planck, h. Planck propôs que a energia de cada quantum fosse dada pela fórmula simples $E = hf$, em que f é a freqüência da luz sendo irradiada.

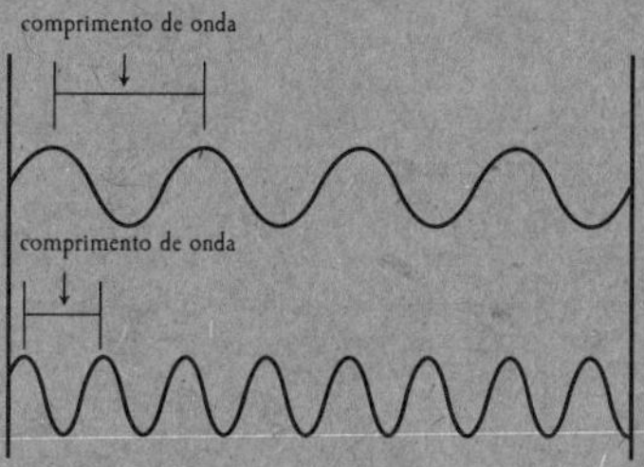

maior comprimento de onda, freqüência mais baixa, isto é, menos ondas

menor comprimento de onda, freqüência mais alta, isto é, mais ondas

PROBLEMA RESOLVIDO

* A teoria de Planck resolveu o quebra-cabeça, porque objetos frios não têm energia suficiente para produzir muitos quanta de alta freqüência. Eles só conseguem irradiar energia na faixa de freqüências em que a energia disponível a partir de cada átomo é comparável à energia dos quanta envolvidos na radiação. ***Quanto mais energia você coloca no objeto (e quanto mais quente ele fica), mais fácil fica para átomos individuais irradiarem quanta de alta energia.*** Assim, o pico da energia irradiada (indicado pela cor do objeto) desloca-se ao longo do espectro da maneira descrita anteriormente (ver p. 81).

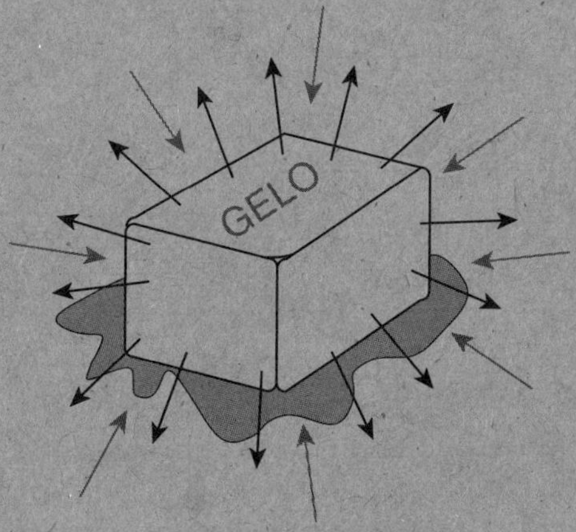

o gelo irradia energia, mas absorve mais do que emite

Max Planck (1858-1947)

A maior parte dos cientistas realiza seus trabalhos mais importantes aos vinte ou trinta anos, mas Planck já passava dos quarenta quando fez sua grande contribuição à física, e mesmo assim ainda estava no meio de uma vida plena e ativa. Ele foi professor da Universidade de Berlim até 1926 (quando foi sucedido por Erwin Schrödinger); em 1930, aos 72 anos de idade, tornou-se presidente do Instituto de Física Kaiser Wilhelm, em Berlim, de onde se demitiu em 1937, em protesto contra o tratamento dado aos judeus pelos nazistas. Em 1945, tornou-se chefe do instituto novamente, quando este foi transferido para Göttingen e rebatizado como Instituto Max Planck.

Max Planck

FEIXES DE PARTÍCULAS

★ Foi Einstein quem sugeriu, em um artigo publicado em 1905 (o mesmo ano em que ele publicou a teoria especial da relatividade), que a luz poderia ser quantizada. Numa tentativa de resolver um quebra-cabeça sobre o comportamento da luz, ele se voltou para a idéia de Isaac Newton (ver p. 29) de que a luz se comporta como um feixe de pequenas balas de canhão, ou, em termos menos pitorescos, consiste de partículas. Embora essas partículas tenham recebido o nome fótons só na década de 1920, o termo pode ser usado com propriedade aqui.

Einstein sugeriu que a luz era um feixe de partículas

Planck e a luz

Apesar de Planck ter introduzido a idéia de quanta na física, ele não sugeriu que a luz *só* existia em pequenos pacotes de energia. ***Ele imaginou que a quantização fosse uma propriedade das partículas que irradiavam a luz – que elas eram fisicamente incapazes de irradiar todos os comprimentos de onda ao mesmo tempo.*** Em 1900, quando Planck formulou sua teoria quântica, o poder das equações de Maxwell havia convencido quase todo mundo de que a luz viaja na forma de uma onda, como ondulações em um lago.

a energia dos elétrons produzidos ao incidir luz num metal depende da freqüência da luz, mas não de sua intensidade

ILÓGICO MAS VERDADEIRO

* O quebra-cabeça que Einstein resolveu com o auxílio dos FÓTONS tem a ver com o assim chamado EFEITO FOTOELÉTRICO, que ocorre quando a luz incidindo numa superfície metálica arranca elétrons do metal. A energia da radiação eletromagnética na luz é transferida aos elétrons, permitindo-lhes escapar das garras dos átomos no metal.

* *Como uma luz intensa tem mais energia que uma luz tênue, parece lógico esperar que ao incidir uma luz intensa no metal, elétrons com maior energia serão arrancados. Isso é, certamente, o que os experimentalistas pioneiros esperavam – mas não é o que ocorre.*

PALAVRA-CHAVE

FÓTON: uma partícula de luz.

O EFEITO FOTOELÉTRICO

O efeito fotoelétrico é mais facilmente detectável quando se usa luz de uma certa cor. **Philipp Lenard** estava realizando experimentos desse tipo desde 1899; por volta de 1905, quando Einstein publicou seu artigo, estes já eram bem conhecidos. Para uma determinada cor de luz, cada elétron produzido pelo efeito fotoelétrico tem a mesma energia. Para uma luz tênue, só uns poucos elétrons são produzidos. Para luz mais intensa, mais deles são produzidos – mas cada elétron tem exatamente a mesma energia que tinha quando a luz era tênue. ***A única maneira de obter elétrons com mais energia é usando luz de freqüência mais alta (isto é, comprimento de onda menor).*** Luz azul estimula a liberação de elétrons com mais energia que aqueles liberados por luz vermelha.

EINSTEIN E A LUZ

★ A explicação de Einstein para o efeito fotoelétrico foi, tipicamente, inusitada. Ele sugeriu que a luz atinge a superfície do metal na forma de quanta – que hoje são chamados de fótons.

PACOTES DE ENERGIA

★ Luz de uma cor determinada é feita de fótons que possuem todos a mesma energia – pequenos pacotes com energia determinada pela equação de Planck, $E = hf$. Assim, quando cada fóton individual cede sua energia a um elétron individual, cada elétron fica com a mesma energia. *Luz intensa carrega mais energia, mas só porque é feita por um maior número de fótons. Cada um de seus fótons ainda causa o mesmo impacto sobre a superfície metálica.*

★ Mas como a luz azul tem freqüência mais alta que a vermelha, cada fóton da luz azul causa um impacto mais forte na superfície metálica do que cada fóton da luz vermelha. *Os elétrons liberados pela luz azul carregam assim mais energia que os elétrons liberados pela vermelha – mesmo que você use uma luz azul tênue e uma luz vermelha intensa no experimento.*

Philipp Lenard (1862-1947)

Além de seu trabalho com o efeito fotoelétrico, Lenard estudou a natureza dos raios catódicos no fim da década de 1890, e, independentemente de J. J. Thomson, mostrou que eles são feixes de partículas carregadas. Também chegou perto de descobrir os raios X. No século XX, ele ficou amargurado porque todo o crédito por essas descobertas foi dado a Thomson e Röntgen, voltou-se contra seus colegas, e foi o único cientista importante a apoiar ativamente os nazistas.

Philipp Lenard

DÚVIDAS E PRÊMIOS

Robert Millikan

★ *A sugestão de Einstein de que a luz existe na forma de um feixe de partículas foi tão chocante em 1905, que ninguém a levou a sério.* De fato, o físico norte-americano **Robert Millikan** (1868-1953) passou dez anos realizando experimentos aprimorados, para provar que Einstein estava errado. No final, ele conseguiu apenas se convencer (e a todos os outros) de que Einstein estava certo – e que não havia outra explicação para o efeito fotoelétrico.

★ Como resultado, Einstein ganhou o prêmio Nobel (por seu trabalho sobre o efeito fotoelétrico, não por qualquer uma de suas teorias da relatividade) em 1922, e Millikan, em 1923. (Não precisa sentir pena de Lenard – ele já tinha recebido o prêmio Nobel bem antes, em 1905, por seus estudos sobre elétrons.)

A BUSCA DE EINSTEIN PELA VERDADE

O trabalho de Einstein no efeito fotoelétrico é um exemplo esplêndido de como ele questionava todas as coisas, em sua busca por soluções. Einstein tinha chegado à sua teoria especial da relatividade em parte rejeitando a visão de mundo de Newton e aceitando a validade das equações de Maxwell – mas, no mesmo ano, suas explorações sobre fótons e teoria quântica o levaram a rejeitar a descrição de Maxwell da luz e a aceitar a visão de mundo de Newton como correta!

a força de Einstein como cientista era sua atitude questionadora

O COMPORTAMENTO DOS ÁTOMOS

*** Por volta de 1920, os físicos tinham provas claras, a partir do experimento da dupla fenda, de que a luz é uma onda – e também graças a Lenard, Einstein e Millikan, que ela consiste de partículas. Essa diluição das distinções entre ondas e partículas pavimentou o caminho para uma teoria completa da mecânica quântica na década de 1920. Mesmo dispondo apenas de uma teoria quântica semipronta para trabalhar,** Niels Bohr **conseguiu formular uma descrição de como átomos individuais funcionam e como eles se unem para formar moléculas.**

FOLHEADO A OURO

* A descrição de Bohr do átomo baseava-se no trabalho experimental de **Ernest Rutherford** e nas idéias teóricas de Max Planck. Em 1909, Rutherford e seus colaboradores na Universidade de Manchester descobriram que quando um feixe de partículas alfa era disparado contra uma lâmina de ouro delgada, quase todas as partículas passavam direto pela lâmina, e umas poucas eram refletidas de volta.

PARTÍCULAS ALFA

Sabemos, hoje, que as partículas alfa são núcleos de átomos de hélio. Cada partícula alfa consiste de dois prótons e dois nêutrons, grudados pela força nuclear forte (ver p. 120). Forma-se assim uma unidade muito estável, que se comporta como uma única partícula em muitas interações.

★ Rutherford explicou isso dizendo que a maior parte da massa de um átomo está concentrada em um pequeno núcleo central, que, como as partículas alfa, é positivamente carregado – enquanto os elétrons associados ao átomo, que portam carga negativa (de modo que cada átomo seja eletricamente neutro no final), estão de algum modo distribuídos numa nuvem em torno do núcleo.

★ Conseqüentemente, quando uma partícula alfa atinge a nuvem de elétrons, passa através dela sem notar nada. Mas se ela se chocar com o núcleo, então a repulsão elétrica dos dois conjuntos de cargas positivas empurra-a de volta para o lugar de onde veio, ou para um ângulo bem agudo.

POR QUE NÃO HÁ ATRAÇÃO?

★ Da estatística do experimento, Rutherford foi capaz de calcular que o núcleo é 100.000 vezes menor que a nuvem de elétrons em torno do átomo, o que gerou um grande enigma. ***Por que os elétrons (que possuem carga negativa) não são atraídos pelo núcleo (que possui carga positiva) e não caem dentro dele?***

Três tipos de radiação

No início do século XX, Ernest Rutherford deu os nomes "raios alfa" e "raios beta" aos dois tipos de radiação produzidos pela radiatividade. Pouco depois, quando se descobriu um terceiro tipo de radiação, este foi chamado de "raio gama". Descobriu-se que raios beta são elétrons velozes. Raios gama são radiações eletromagnéticas, como raios X, mas ainda mais energéticos. Raios alfa são partículas (ver página anterior).

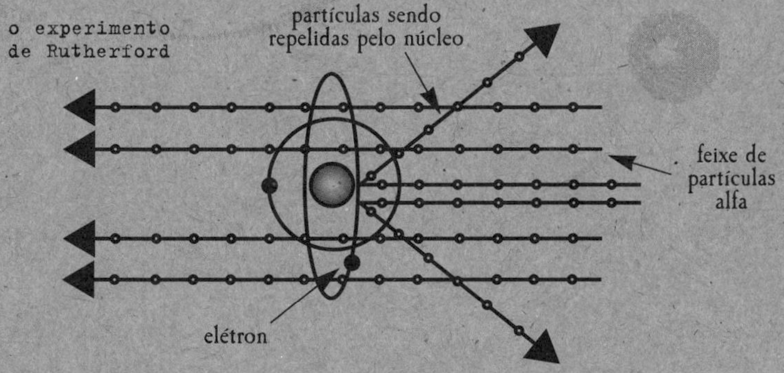

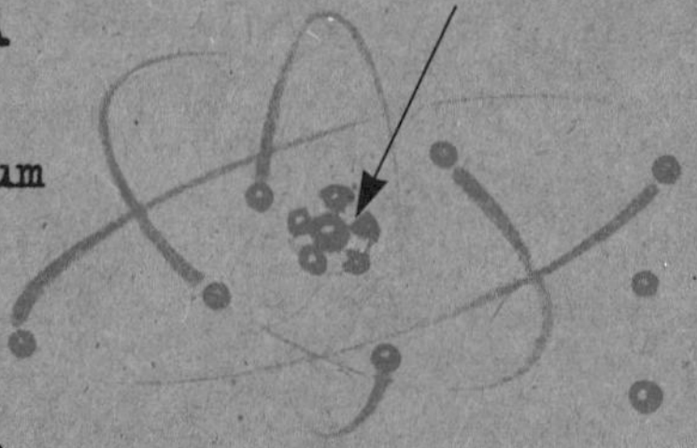

ELÉTRONS EM ÓRBITA

★ A idéia de Bohr era a de que os elétrons devem, de algum modo, estar "em órbita" em torno do núcleo, do mesmo modo que os planetas orbitam em torno do Sol. Contudo, isso não seria suficiente para estabilizar o átomo – pois uma carga elétrica acelerada irradia energia, e o movimento circular constitui uma aceleração. De acordo com a física clássica (incluindo as equações de Maxwell), os elétrons orbitando num átomo iriam irradiar toda a sua energia e espiralar para dentro do núcleo.

Niels Bohr (1885-1962)

Após completar seu doutorado, Bohr trabalhou com o grupo de Rutherford na Universidade de Manchester, onde desenvolveu seu modelo para o átomo. Por volta de 1918, ele era tão bem-visto que foi convidado a dirigir um novo instituto de física em Copenhague (hoje chamado Instituto Niels Bohr). A maioria dos grandes físicos teóricos da época visitou seu instituto diversas vezes e, na década de 1920, ele foi um catalisador para o desenvolvimento da mecânica quântica – foi por isso que a Interpretação de Copenhague recebeu seu nome.

O SALTO QUÂNTICO

★ Max Planck havia mostrado que a radiação eletromagnética só podia ser emitida em quanta. Bohr agora sugeria que os elétrons no átomo só poderiam emitir quanta inteiros de luz, não partes menores. Assim eles não podiam espiralar para o núcleo. *Eles só poderiam saltar de uma órbita para a seguinte – exatamente um quantum de energia mais perto do núcleo.*

★ Este é o famoso "SALTO QUÂNTICO". É mais ou menos como se a Terra desaparecesse de sua própria órbita e instantaneamente aparecesse na órbita de Vênus, sem ter cruzado o espaço entre elas.

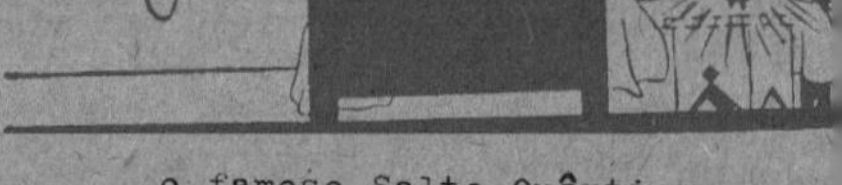

o famoso Salto Quântico

POR QUE O SALTO?

★ Por que os elétrons simplesmente não pulam gradativamente, como se rolassem escada abaixo, até todos se empilharem no último degrau?

★ *Bohr respondeu que deve haver alguma regra da física quântica que permite apenas um certo número de elétrons em cada órbita. Só existe lugar para dois elétrons na órbita mais próxima do núcleo. Um átomo de lítio, por exemplo, que possui três elétrons, teria assim de colocar o terceiro na segunda órbita além do núcleo, um quantum de energia mais distante.*

Rutherford e seu laboratório

PALAVRA-CHAVE

SALTO QUÂNTICO: assim chamado porque os quanta (como átomos) "saltam" abruptamente de um estado para outro.

Ernest Rutherford (1871-1937)

Nascido na Nova Zelândia, Rutherford trabalhou na Inglaterra, no Canadá, e novamente na Inglaterra, onde acabou se tornando chefe do Laboratório Cavendish. Juntamente com **Frederick Soddy**, ele mostrou que a radiatividade envolve átomos de um elemento sendo transformados em átomos de outro.
Em 1909, ele imaginou o experimento, executado por **Hans Geiger** e **Ernest Marsden**, que conduziu à descoberta do núcleo atômico. Quando Rutherford recebeu o prêmio Nobel, em 1908, foi o de química (por seu trabalho sobre os elementos), ainda que ele considerasse química uma disciplina inferior e tenha dito uma vez que "toda ciência é ou física, ou coleção de selos".

O MODELO DO ÁTOMO DE BOHR

★ A razão pela qual o modelo de Bohr foi saudado como um grande passo adiante foi que ao espaçar as órbitas dos elétrons da maneira requerida pela equação de Planck, ele podia explicar o espectro de luz de um átomo simples.

as órbitas dos elétrons são como um lance de escadas

PALAVRAS-CHAVE

LIGAÇÃO: união entre dois átomos que envolve compartilhamento ou troca de elétrons.
CAMADA: zona (dentro de um átomo) na qual um certo número de elétrons pode estar presente.
PRÓTON: partícula positivamente carregada encontrada no núcleo de um átomo.
NÊUTRON: similar a um próton, mas com carga elétrica nula.

Niels Bohr

PULANDO PARA CIMA E PARA BAIXO

★ *Todos os átomos emitem ou absorvem luz em comprimentos de onda específicos, formando linhas bem-definidas no espectro.* O padrão formado por essas linhas (às vezes conhecido como assinatura espectral) é único para cada elemento – tão único quanto uma impressão digital.

★ *Bohr mostrou que cada linha corresponde ao salto de um elétron de uma órbita* (ou de um *"nível de energia") para outra – ou ainda,*

muitos elétrons idênticos realizando um salto idêntico em muitos átomos ao mesmo tempo. Um salto para baixo libera energia e produz uma linha brilhante, enquanto o átomo, se absorve energia, produz uma linha escura no espectro, conforme o elétron salta para cima.

★ O ponto importante é que os saltos sempre envolvem a emissão ou absorção de um número inteiro de quanta – uma quantidade de energia equivalente a *hf*, ou algum múltiplo de *hf*, mas nunca uma quantidade intermediária.

as próprias moléculas são feitas de átomos

COMPLETANDO AS CAMADAS

O arranjo mais estável para cada camada ocorre quando ela contém o número máximo de elétrons permitido pelas regras quânticas, que é dois para a camada mais interna e oito para a maioria das outras. O átomo mais simples, hidrogênio, tem um PRÓTON em seu núcleo e um elétron orbitando em torno deste. O próximo elemento, hélio, tem dois prótons e também um par de NÊUTRONS, orbitados por dois elétrons na mesma camada. Como vimos, o lítio tem de pôr seu terceiro elétron na próxima camada, e assim por diante.

LIGAÇÕES E CAMADAS

★ No início da década de 1920, Bohr tinha desenvolvido seu modelo da estrutura do átomo a ponto de explicar as bases da química – como e por que os átomos se unem para formar moléculas.

★ ***Uma forma de união que mantém átomos juntos formando moléculas é chamada de*** LIGAÇÃO. ***Diz-se que os elétrons em diferentes órbitas ocupam "***CAMADAS***" – com diferentes níveis de energia – em torno do núcleo central de um átomo. As camadas são como peles de cebola, cada uma contendo um certo número de elétrons.***

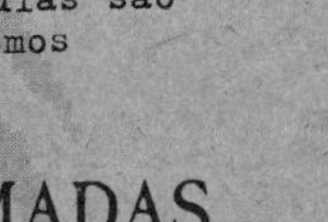

molécula de oxigênio O_2

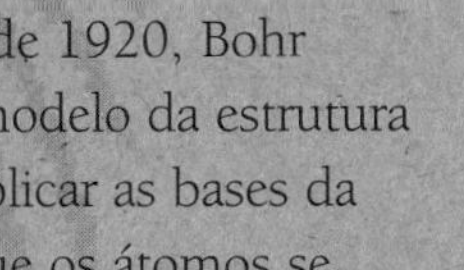

molécula de dióxido de carbono CO_2

LIGAÇÕES ATÔMICAS

*** A ligação resulta das tentativas do átomo de atingir o estado desejável de uma camada externa cheia. Para que uma ótima distribuição de elétrons pelas camadas possa ser alcançada, pode-se utilizar o compartilhamento de elétrons entre dois átomos.**

Ilusão eletrônica

A água é outro exemplo de ligação covalente. Dois átomos de hidrogênio, cada um possuindo um único elétron, ligam-se com um átomo de oxigênio, que possui seis elétrons em sua camada mais externa. Novamente, cada átomo tem a ilusão de uma camada cheia.

LIGAÇÃO COVALENTE

* Cada átomo de hidrogênio tem um elétron, e "gostaria" de ter dois para completar sua única camada ocupada. Cada átomo de carbono tem seis elétrons; dois em sua camada mais interna (completa) e quatro em sua camada externa (semicheia). Se quatro átomos de hidrogênio cercarem um átomo de carbono da maneira certa, cada um dos quatro átomos de hidrogênio ganha uma participação em um dos quatro elétrons externos do átomo de carbono; e o átomo de carbono ganha uma participação em cada um dos quatro elétrons associados aos átomos de hidrogênio. Conseqüentemente, todos os átomos da molécula resultante – CH_4 (metano) – têm a ilusão de uma camada externa completa. ***Esta é a chamada ligação covalente.***

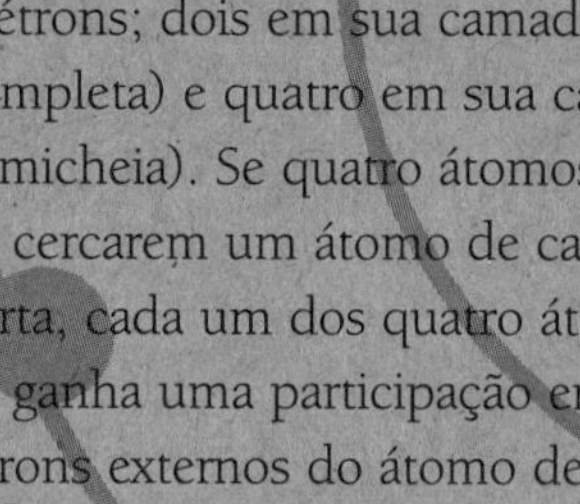

átomo de hidrogênio   átomo de carbono

LIGAÇÃO IÔNICA

* Um outro tipo de ligação mantém sódio e cloro juntos no sal de cozinha comum. Cada átomo de sódio tem 11 elétrons: dois numa camada mais interna completa, oito em outra camada cheia, e um sozinho na exterior. Se ele pudesse perder o elétron mais externo, ficaria com apenas uma camada cheia. Átomos de cloro, por outro lado, têm 17 elétrons cada um: dois numa camada mais interna completa, oito na camada seguinte (cheia) e sete na camada mais externa. Eles precisam de um elétron para completar a camada mais externa.

o átomo de sódio perde um elétron, o átomo de cloro ganha um elétron

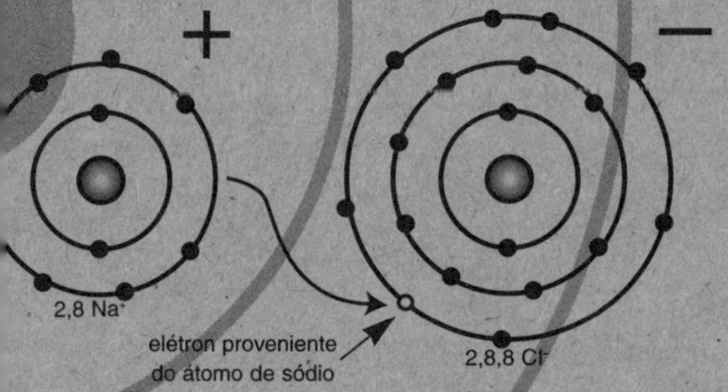

* Quando sódio e cloro se combinam, cada átomo de sódio na prática dá um elétron para um átomo de cloro, de modo que ambos obtêm uma camada mais externa completamente ocupada. Mas isso deixa cada átomo de sódio com uma unidade de carga positiva, e cada átomo de cloro com uma unidade de carga negativa. ***As partículas carregadas são mantidas unidas por forças elétricas, organizadas numa*** REDE CRISTALINA. ***Esta é a chamada*** LIGAÇÃO IÔNICA.

PALAVRAS-CHAVE

LIGAÇÃO COVALENTE: tipo de ligação formado quando pares de elétrons são compartilhados por dois átomos.

LIGAÇÃO IÔNICA: tipo de ligação formado quando elétrons são transferidos de um átomo para outro.

REDE CRISTALINA: arranjo de átomos fixados por forças elétricas numa rígida estrutura geométrica.

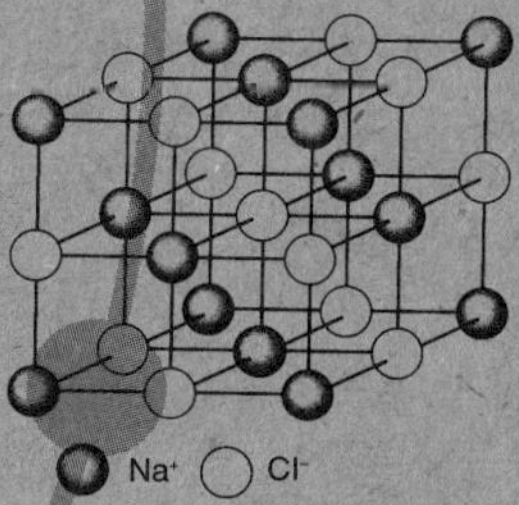

rede do cloreto de sódio

A SACADA DE DE BROGLIE

★ Bohr havia usado uma mistura de idéias clássicas e quânticas, mais regras *ad hoc* para o comportamento dos elétrons, baseadas na espectroscopia e outros experimentos. Era uma confusão, mas até que funcionava. Então, em meados dos anos 20, Louis de Broglie indicou que se coisas como a luz, que havia sido considerada uma onda, também se comportavam como partículas (fótons), talvez coisas consideradas partículas (elétrons e similares) devessem também ser consideradas ondas.

Louis de Broglie

Os Braggs

A única equipe, constituída de pai (William, 1862-1942) e filho (Lawrence, 1890-1971), a receber o prêmio Nobel de física por trabalho realizado conjuntamente. O trabalho envolveu a difração de raios X por redes cristalinas, o que revelou detalhes da estrutura dos cristais. Quando o prêmio lhes foi concedido, em 1915, Lawrence tinha apenas 25 anos, e estava servindo o exército, na França.

A IMPLICAÇÃO DO MOMENTO

★ *Uma das coisas que haviam convencido o próprio Einstein de que fótons deveriam ser rea é que as equações mostram que, da mesma forma que outras partículas, eles devem carregar momento (ou, quantidade de movimento, produto da massa pelo vetor velocidade).*

★ O momento de uma partícula de luz é previsto pela teoria especial da relatividade, e é obtido dividindo sua energia por sua velocidade. Planck havia mostrado que a energia de um quantum de luz é igual a hf. E a velocidade da luz é simplesmente c. Assim, o momento de um fóton é hf/c. O momento usualmente é denotado pela letra p (porque m já é usado para massa), e comprimento de onda pela letra grega λ (lambda). A freqüência de uma onda dividida por sua velocidade é igual a 1 sobre o comprimento de onda, de modo que podemos escrever $p = h/\lambda$, ou $p\lambda = h$.

* Isso era correto para a luz. Mas os elétrons também possuem momento – ***assim, De Broglie percebeu que eles devem obedecer à mesma equação***, e que um elétron com momento p deve ter um comprimento de onda dado pela equação $\lambda = h/p$.

UMA IMPLICAÇÃO "MOMENTOSA"

* A hipótese de De Broglie foi logo confirmada por experimentos em que feixes de elétrons eram disparados contra redes cristalinas – da mesma forma que raios X haviam sido disparados contra redes cristalinas por **William e Lawrence Bragg**, os pioneiros da cristalografia de raios X.

* Como os raios X, ou como a luz no experimento dos dois orifícios, os elétrons interferiam uns nos outros e produziam um PADRÃO DE DIFRAÇÃO, provando que eram ondas. ***Todas as entidades quânticas, percebeu-se, não apenas a luz, têm essa natureza onda-partícula dual. O que isso indicava?***

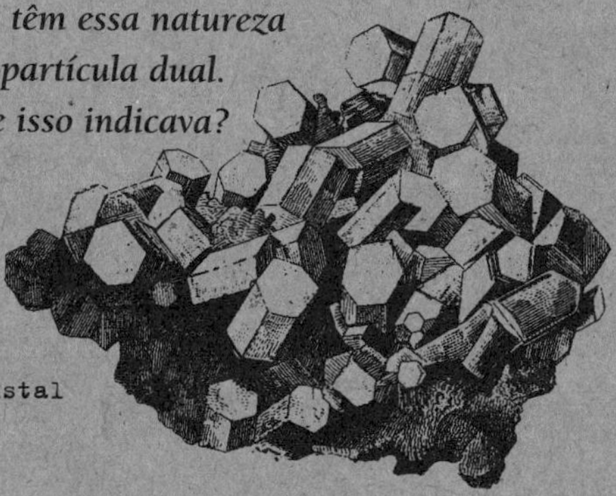

cristal

Louis de Broglie (1892-1987)

De Broglie era um aristocrata francês, cuja família queria que ele entrasse para o corpo diplomático. Mas, encorajado por Maurice, seu irmão mais velho, voltou-se para a física. Seus estudos foram interrompidos pelo serviço militar durante a Primeira Guerra Mundial, quando ele trabalhou com comunicação por rádio e ficou algum tempo instalado na Torre Eiffel. Como resultado, ele não completou seu doutorado, apresentando sua teoria ondulatória dos elétrons, antes de 1924, quando já passava dos trinta anos. Tanto Louis quanto Maurice trabalharam no Alto Comissariado Francês para a Energia Atômica, e se envolveram com as aplicações pacíficas da energia atômica após a Segunda Guerra.

PALAVRA-CHAVE

PADRÃO DE DIFRAÇÃO: padrão formado quando ondas (de qualquer tipo) contornam um obstáculo ou se espalham a partir de um pequeno orifício.

O EXPERIMENTO COM DOIS ORIFÍCIOS REVISITADO

*** O experimento com dois orifícios ficou tão refinado que atualmente é possível disparar fótons individuais, um a um, de modo que cada um atinja a tela do detector do outro lado e forme um pontinho luminoso. Também é possível fazer a mesma coisa com elétrons, usando uma tela detectora semelhante a uma tela de TV, na qual cada elétron forma um único ponto de luz conforme chega a ela.**

PARADOXO CENTRAL

O experimento com dois orifícios incorpora o que Richard Feynman (ver p. 145) costumava chamar de "o mistério central" da mecânica quântica: ***todas as partículas são ondas, e todas as ondas são partículas.***

INTERFERÊNCIA ESPONTÂNEA...

* Ambas as versões do experimento foram de fato realizadas. Nos dois casos, entidades quânticas individuais (fótons e elétrons) partem de um lado do experimento como partícula e chegam ao outro lado como partículas.

* *Mas se você fizer o experimento muitas vezes, tanto com fótons quanto com elétrons, então as manchas de luz na tela do detector se combinam para formar um padrão de interferência. A implicação é que fótons e elétrons passam através dos dois orifícios como*

ondas, e de algum modo interferem entre si para formar o padrão de interferência.

... E PARTÍCULAS TELEPÁTICAS?

* Mais estranho ainda, cada partícula individual viaja pelo experimento por conta própria. E forma por si só o ponto luminoso na tela. ***Mas se você envia centenas ou milhares de partículas através do experimento, sem necessidade de mandá-las todas juntas, mas uma após a outra, elas conspiram para produzir um padrão de interferência.*** Cada entidade quântica parece estar ciente de todo o arranjo experimental – incluindo a presença dos dois orifícios no meio do experimento e a presença das partículas anteriores e posteriores.

* ***As entidades quânticas de algum modo parecem não levar em conta o espaço e o tempo – ou levam em conta todo o espaço e todo o tempo de uma só vez.***

Física revolucionária

O desenvolvimento da teoria da física quântica na década de 1920 foi descrito pelo prêmio Nobel Steven Weinberg como "a mais profunda revolução na teoria física desde o nascimento da física moderna no século XVII". E acrescentou: "ela mudou nossa idéia de quais perguntas podemos fazer".

PALAVRA-CHAVE

PADRÃO DE INTERFERÊNCIA: padrão formado quando dois conjuntos de ondas se superpõem.

TEORIAS RIVAIS

★ Em 1925, duas equipes de físicos diferentes propuseram duas maneiras distintas de descrever tudo isso matematicamente. Uma abordagem, desenvolvida por Werner Heisenberg, **descartava a idéia de ondas e oferecia uma solução baseada nos saltos quânticos. A outra, desenvolvida por** Erwin Schrödinger, **deliberadamente tentava se livrar daquilo que ele chamava de "esse maldito salto quântico", e usava a idéia de ondas.**

Paul Dirac (1902-1984)

Provavelmente o maior cientista inglês desde Newton. Dirac era tão discreto que seu nome é quase desconhecido fora dos círculos científicos. Ele desenvolveu a mais completa das versões iniciais da mecânica quântica, e mostrou que tanto a teoria de Heisenberg quanto a de Schrödinger eram casos especiais de sua própria teoria. A idéia de antimatéria, uma espécie de imagem espelhada da matéria, na qual propriedades como a carga elétrica são invertidas, também se originou dele.

AQUELE MALDITO SALTO QUÂNTICO!

★ *Estranhamente, ambas as abordagens do mundo quântico davam exatamente as mesmas respostas quando utilizadas para calcular coisas como o comportamento dos elétrons em átomos – e ambas, evidentemente, concordavam com as descobertas dos experimentais.*

★ Em menos de um ano, **Paul Dirac** já havia mostrado porquê. Ambas as abordagens eram matematicamente equivalentes uma à outra – ***pois cada uma delas era um caso especial de um tipo mais abstrato de formalismo matemático, que não envolvia a***

Paul Dirac

imagem das entidades quânticas nem como ondas nem como partículas (ou qualquer outra coisa com a qual tenhamos qualquer familiaridade).

* Essa descoberta – com sua implicação de que nem sua equação de onda poderia dar cabo daquele "maldito salto quântico" – levou Schrödinger a expressar seu desgosto com a teoria que ajudara a desenvolver dizendo: "Eu não gosto dela, e me arrependo de ter tido qualquer coisa a ver com isso".

REALIDADE QUÂNTICA?

* Niels Bohr, Max Born e outros se apoderaram das novas equações matemáticas da mecânica quântica e produziram uma imagem do que parecia estar acontecendo no mundo quântico. A imagem não fazia sentido – pelo menos quanto ao senso comum cotidiano – mas tinha sua própria lógica interna e parecia descrever a realidade quântica.

os Aliados temiam que Heisenberg pudesse fazer uma bomba atômica para os nazistas

Werner Heisenberg

ESFORÇO FEBRIL

Werner Heisenberg (1901-1976) foi capaz de desenvolver sua própria versão da mecânica quântica, na primavera de 1925, graças a um forte ataque de febre do feno. Recuperando-se na ilha de Heligoland, sem distrações, ele teve a oportunidade de desenvolver sua visão radicalmente nova de como o mundo funcionava. Como Heisenberg foi o único cientista proeminente de sua geração a permanecer em seu cargo na Alemanha durante a Segunda Guerra, os Aliados temeram que ele pudesse estar liderando um programa nazista para o desenvolvimento de uma bomba atômica. Ele sempre afirmou, contudo, que havia conduzido os nazistas para longe de armas atômicas. A verdade jamais será conhecida.

O PRINCÍPIO DA INCERTEZA DE HEISENBERG

Um dos aspectos mais famosos do mundo quântico é o princípio da incerteza de Heisenberg. Ele utilizou a dualidade onda-partícula para mostrar que jamais se consegue medir exatamente nem a posição de uma entidade como o elétron, nem seu momento, ao mesmo tempo. ***Em outras palavras, não se pode saber simultaneamente onde está o elétron e para onde ele está indo. Pior que isso, o próprio elétron não pode saber nem onde ele está nem para onde está indo (pelo menos não exatamente).*** A incerteza quântica não tem nada a ver com a imperfeição de nossos experimentos, ou deficiências dos aparelhos de medida – ela é parte do próprio tecido do mundo quântico.

O QUE SIGNIFICA INCERTEZA

*** Para entender o que Heisenberg queria dizer com incerteza, imagine as propriedades das ondas (lembre-se, também, de que todas as entidades quânticas têm uma natureza ondulatória). Uma onda não pode de modo algum ser localizada num único ponto do espaço porque, por sua própria natureza, ela é uma coisa espalhada. Uma onda pura (com um único comprimento de onda) se espalha para sempre e carrega momento, mas não tem qualquer localização nem se assemelha a uma partícula clássica. Em contraste, uma partícula tem uma posição bem-definida, mas não tem propriedades ondulatórias.**

PACOTES DE ONDAS

* *Entretanto, se misturar diferentes ondas, você poderá produzir o que se conhece como um* PACOTE DE ONDAS, *em que as ondas se cancelam mutuamente em todo lugar, exceto numa pequena região.* O pacote de ondas é quase como uma partícula – mas com bordas difusas e sem localização exata. Ele pode ser tão pequeno quanto se queira, até certo ponto (ou melhor, não exatamente um ponto).

uma onda tem momento mas não tem localização bem-definida, pois é espalhada

Momento e posição

Heisenberg mostrou que há um intercâmbio muito preciso entre momento e posição. Se você multiplicar a quantidade que mede a incerteza na posição de um elétron (ou de qualquer outra coisa) por aquela que mede a incerteza em seu momento, o número obtido será sempre maior que a constante de Planck, h.

* Agora, pense sobre o momento. Uma onda pura tem um momento bem-definido, que pode ser determinado pela equação que Einstein obteve de sua teoria especial da relatividade. *No entanto, num pacote de ondas há uma mistura de ondas e uma mistura de momentos. Para diminuir o pacote de ondas, você precisa empacotar mais ondas, para produzir o cancelamento crucial, e isso cria maior incerteza sobre o momento do pacote.*

Heisenberg afirmou que não se pode saber simultaneamente onde está o elétron e para onde ele está indo

A ESTRANHEZA DO MUNDO QUÂNTICO

é tudo tão estranho

★ Agora você pode entender por que as características estranhas do mundo quântico não se manifestam na vida cotidiana, e não fazem parte do senso comum. A posição de um saco de açúcar na despensa e o momento de uma bola de sinuca rolando sobre a mesa são facilmente identificados, porque eles são muito grandes se comparados aos elétrons.

Falando sobre quanta

Quando falamos sobre um quantum de energia ser *como* uma onda ou *como* uma partícula, queremos dizer apenas isso – e nada mais. Tudo o que estamos fazendo é usar nossa experiência cotidiana e a linguagem do dia-a-dia para fornecer uma imagem do que está acontecendo.

DIFERENÇAS SUTIS

★ A constante de Planck (*h*) é absolutamente minúscula. Usando o sistema de unidades em que a energia é medida em ergs e a massa em gramas, $h = 6{,}6 \times 10^{-27}$ (isto é, uma vírgula decimal seguida por 26 zeros, antes do 66). Efeitos quânticos só se tornam importantes para entidades que têm massas (medidas em gramas) nesse tipo de escala, ou menores. A massa de um elétron, por exemplo, é de 9×10^{-28} gramas.

★ Uma incerteza de magnitude *h* na posição de um elétron é um negócio

$h = 6{,}6 \times 10^{-27}$ (isto é, uma vírgula decimal seguida por 26 zeros, antes do 66)

importante – mas uma incerteza similar na posição ou momento de um saco de açúcar, ou uma bola de sinuca, ou de um ser humano, é pequena demais para ser notada.

a onda é uma forma conhecida que pode ser usada para se pensar em física quântica, mas na realidade as entidades quânticas não se parecem com nada que você pode ver

SEGUINDO AS REGRAS QUÂNTICAS

★ *Incerteza e dualidade onda-partícula estão intimamente ligadas – mas o mais importante sobre toda a estranheza do mundo quântico é que ninguém está dizendo que algo como um elétron "realmente é" uma partícula, ou que ele "realmente é" uma onda.* Sua própria natureza é diferente de qualquer coisa com que estamos acostumados no dia-a-dia. Ele obedece a um conjunto diferente de regras – as regras quânticas – e dança conforme outra música.

VISUALIZANDO A INCERTEZA

A maioria das pessoas fica perturbada com a idéia de incerteza, porque não consegue visualizá-la em suas mentes. Elas gostam mais da idéia de uma onda, porque todos já vimos ondas. É por isso que a versão ondulatória da mecânica quântica é a que as pessoas acham mais fácil de usar. ***Os elétrons (e outras entidades quânticas), no entanto, não são ondas – simplesmente se comportam como ondas, em algumas circunstâncias.***

A TEORIA QUÂNTICA EM AÇÃO

★ Um bom exemplo de como entidades quânticas diferem de entidades cotidianas, e de como a imagem ondulatória ajuda enquanto analogia, é um fenômeno conhecido como PONTE DE HIDROGÊNIO.

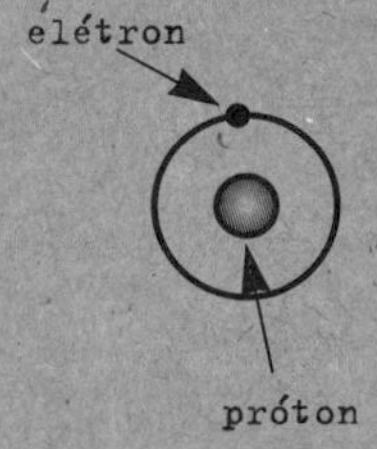

átomo de hidrogênio

PALAVRA-CHAVE

PONTE DE HIDROGÊNIO: uma forma fraca de ligação química, que às vezes ocorre entre duas moléculas, quando uma delas é parcialmente constituída por átomos de hidrogênio.

PERCEPÇÕES ALTERNATIVAS

★ Um átomo de hidrogênio consiste de um único próton (o núcleo), envolvido por um único elétron. O termo "envolvido" é completamente apropriado. Uma maneira de olhar para as coisas é dizer que a posição do elétron é incerta – ele poderia estar em qualquer lugar numa nuvem que envolve o próton. Em vez de falar sobre uma pequena partícula orbitando em torno do próton, você poderia dizer que há uma onda que rodeia o átomo. Seja como for, o átomo de hidrogênio se comporta como se a carga elétrica carregada pelo elétron estivesse espalhada uniformemente em torno do próton.

A razão entre hidrogênio e oxigênio na água. Há dois átomos de hidrogênio para cada átomo de oxigênio

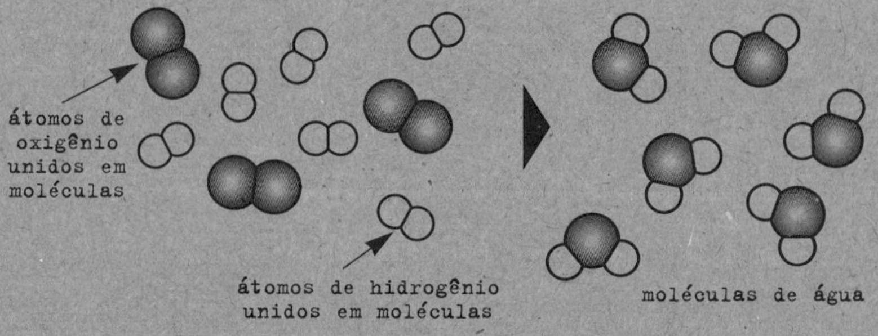

AS VANTAGENS DA PONTE DE HIDROGÊNIO

* Quando um átomo de hidrogênio se une com alguma outra coisa para formar uma molécula – por exemplo, quando dois átomos de hidrogênio se unem com um átomo de oxigênio para formar água (H_2O) –, a nuvem eletrônica é atraída tanto pelo núcleo do átomo de hidrogênio quanto pelo núcleo do outro átomo. Ela forma uma ponte entre os dois átomos. ***Como o elétron agora está concentrado numa extremidade do átomo de hidrogênio, a outra extremidade fica parcialmente descoberta.***

* Se os elétrons realmente fossem pequenas partículas, e as ligações químicas se formassem exatamente do modo como Bohr descreveu, a outra extremidade do átomo de hidrogênio ficaria completamente descoberta, expondo a carga positiva do próton. Assim, moléculas de água iriam interagir fortemente com quase tudo com que entrassem em contato. Mas como mesmo um único elétron fica espalhado em torno do núcleo do hidrogênio, ainda há uma pequena blindagem da carga positiva nesse núcleo. ***Isso significa que a extremidade do átomo de hidrogênio oposta à ligação química age como se possuísse uma fração de uma carga elétrica positiva.***

* Ainda que a teoria quântica das pontes de hidrogênio tenha sido desenvolvida por **Linus Pauling** (1901-1994), na década de 1930, foi só no fim da década de 1990 que os experimentos se tornaram precisos o bastante para medir todos os detalhes que ele previra e confirmar que estava certo.

COMPORTAMENTO PREVISÍVEL

Essa diferença entre o comportamento de partículas e o comportamento de entidades quânticas produz um efeito mensurável, relativos à força com que o próton parcialmente exposto interage com outros átomos e moléculas. ***A força dessa interação pode ser medida em experimentos químicos – e concorda com as previsões da teoria quântica, e não com idéias clássicas.***

A INTERPRETAÇÃO DE COPENHAGUE

Max Born

* A "explicação" do mundo quântico que Bohr e outros desenvolveram é conhecida como Interpretação de Copenhague, porque muito dela foi feita nesta cidade, no instituto de Niels Bohr. Até agora já vimos dois dos principais pilares da Interpretação de Copenhague: a incerteza e a dualidade onda-partícula. Outra idéia-chave sobre o papel da PROBABILIDADE em processos quânticos foi introduzida por Max Born.

você está linda hoje

Complementaridade

A dualidade onda-partícula às vezes é conhecida como COMPLEMENTARIDADE, porque os dois aspectos da realidade quântica complementam um ao outro. Você não pode ter um sem o outro.

AQUELES DOIS ORIFÍCIOS NOVAMENTE

* Num sistema quântico, você nunca pode ter certeza do resultado de um experimento. Se há muitos resultados possíveis, ***tudo o que você pode fazer é descobrir a probabilidade de cada um*** – exatamente como calcular a chance de obter uma determinada mão num jogo de cartas. Simplificando, quando um elétron se confronta com os dois orifícios no experimento dos dois orifícios, ***contanto que ninguém olhe***, ele parece ir pelos dois caminhos ao mesmo tempo e interferir consigo mesmo. ***Mas se você preparar um detector em cada um dos orifícios para monitorar***

calculando as chances

os elétrons que passam, você vai descobrir que metade deles vai por um caminho e metade vai pelo outro – sem qualquer interferência.

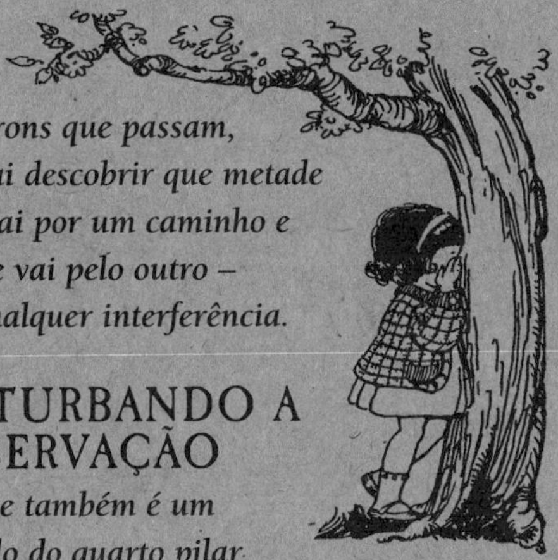

se você olhar vai estragar o experimento

PERTURBANDO A OBSERVAÇÃO

★ *Este também é um exemplo do quarto pilar da Interpretação de Copenhague – que afirma que o sistema é perturbado pelo próprio ato de observá-lo ou medi-lo.*

★ Essa idéia pode ser vista em funcionamento no COLAPSO DA FUNÇÃO DE ONDA. A função de onda de um elétron passa alegremente pelos dois orifícios conjuntamente se ninguém a estiver observando. ***Agora, se você olhar, ela colapsa em uma partícula e vai por um trajeto ou pelo outro – com a mesma probabilidade, neste caso particular.*** Há uma chance 50:50 que qualquer elétron individual seja visto passando por um orifício ou pelo outro, mas nunca se pode prever, a partir das leis da física, qual orifício ele escolherá.

UM OU OUTRO

★ O colapso da função de onda não importa, se você estiver projetando um objeto prático, como o tubo de imagens de um televisor, porque bilhões de elétrons estão envolvidos. ***Contanto que metade vá por um caminho e metade vá pelo outro, não importa saber qual elétron faz o quê.***

PALAVRA-CHAVE

FUNÇÃO DE ONDA: representação matemática do caráter ondulatório de um sistema.

Max Born (1882-1970)

Max Born, que introduziu o conceito de probabilidade quântica, foi professor de física na Universidade de Göttingen entre 1921 e 1933. Um homem caloroso e amigável, fez de Göttingen um centro-líder em física quântica, e ficou muito irritado quando a teoria-padrão (à qual fez grandes contribuições) ficou conhecida como Interpretação de Copenhague. Forçado a deixar a Alemanha quando Hitler chegou ao poder, deu aulas em Cambridge durante a década de 1930 e depois tornou-se professor de filosofia natural na Universidade de Edimburgo.

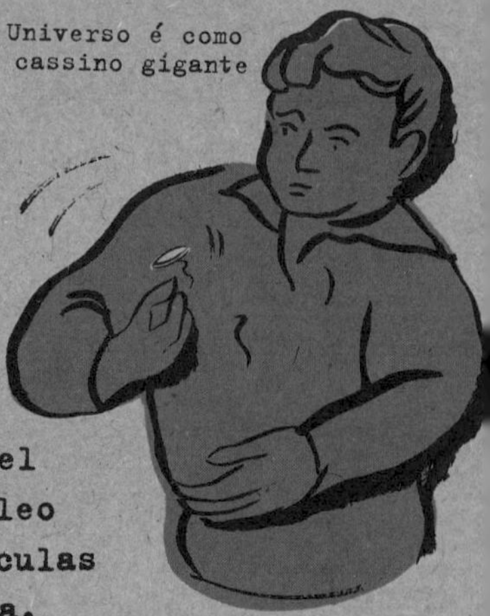

PROBABILIDADE QUÂNTICA

★ Essa história da probabilidade quântica aparece muito claramente no DECAIMENTO RADIATIVO – que ocorre quando um átomo instável (estritamente falando, um núcleo instável) emite algumas partículas e se transforma em outra coisa.

"Eu não posso crer que Deus joga dados"

ALBERT EINSTEIN

UM NEGÓCIO COM DADOS

★ *Cada tipo de* ÁTOMO RADIATIVO *possui um tempo de vida característico, conhecido como* MEIA-VIDA. ***Em qualquer porção de átomos radiativos do mesmo tipo, exatamente a metade vai se transformar dessa maneira durante uma meia-vida.*** Metade do que restou (um quarto do original) vai decair na próxima meia-vida, e assim por diante. No entanto, qualquer átomo individual do conjunto pode decair imediatamente, ou durar muitas meias-vidas antes de decair – exatamente como se cada átomo jogasse uma moeda, repetidamente, e resolvesse decair apenas quando desse cara.

★ Foi o papel da probabilidade na mecânica quântica, e na Interpretação de Copenhague em particular, que levou Einstein a fazer seu famoso comentário: "Eu não posso crer que Deus joga dados". ***Mas toda a evidência sugere que Einstein estava errado: a natureza** (o que **Einstein, que era um ateu, sempre quis dizer com "Deus") opera dentro dos mesmos princípios que um cassino.***

O VALOR DA FÍSICA QUÂNTICA

★ ***É importante ter em mente que o conjunto de idéias adotado pela Interpretação de Copenhague realmente funciona.*** É a caixa de ferramentas que a maioria dos físicos práticos utiliza ao lidar com entidades quânticas – que, para os físicos práticos, geralmente significa elétrons e/ou luz.

★ Longe de ser um meandro abstrato da ciência, a física quântica está na base de todo o conhecimento moderno de química. Para tomar o exemplo mais profundo, a famosa estrutura em dupla hélice do DNA – a molécula da vida – é mantida por pontes de hidrogênio, que são um fenômeno absolutamente quântico.

graças à física quântica

★ Mais obviamente, a física quântica também descreve o comportamento de elétrons se movendo em circuitos e semicondutores, incluindo os *microchips* que estão no coração dos computadores modernos. E ela descreve o comportamento de *lasers*, aqueles pulsos intensos de luz usados prosaicamente hoje em artigos cotidianos, como aparelhos de CD.

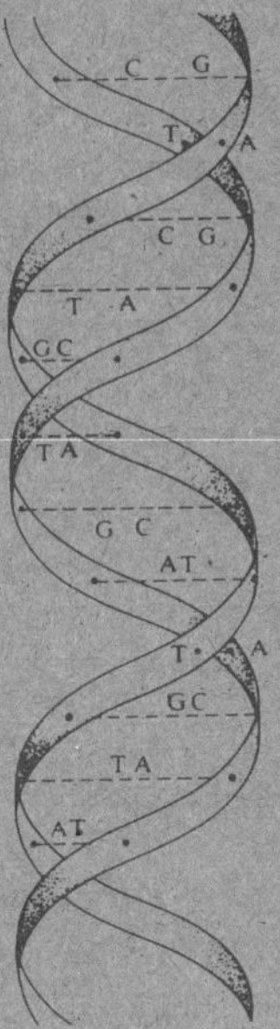

a dupla hélice do DNA

PALAVRAS-CHAVE

ÁTOMO RADIATIVO: átomo instável, que pode emitir uma partícula (normalmente um elétron ou uma partícula alfa), tornando-se um átomo de outro elemento.

DECAIMENTO RADIATIVO: processo no qual um átomo radiativo emite uma partícula.

MEIA-VIDA: tempo que demora para metade dos átomos radiativos numa amostra decair.

O GATO DE SCHRÖDINGER

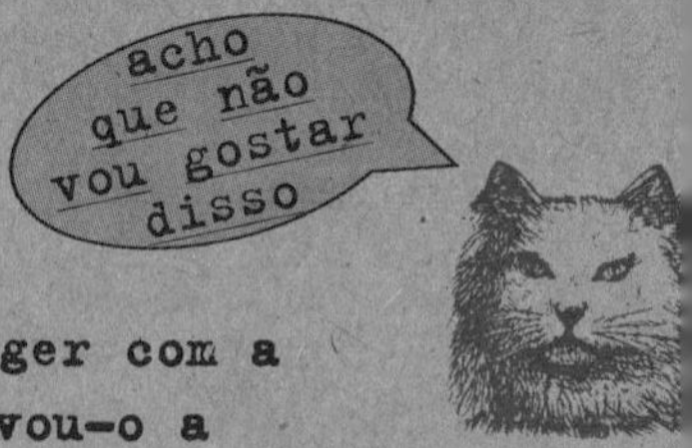

* O desgosto de Erwin Schrödinger com a Interpretação de Copenhague levou-o a vislumbrar um "experimento de pensamento" para demonstrar o absurdo dessa interpretação, conhecido como seu "Paradoxo do Gato".

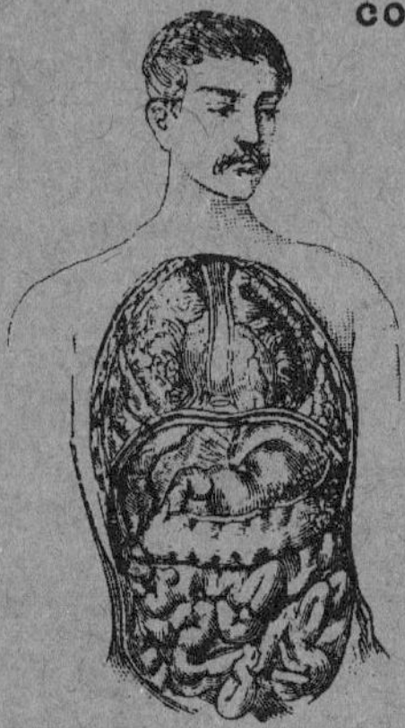

CENÁRIO DIABÓLICO

* Schrödinger pede-nos que imaginemos uma câmara lacrada dentro da qual está um gato, com comida, bebida e tudo o mais que for preciso para uma vida de conforto e saúde. Mas na câmara também há um "aparelho diabólico", que está ligado a uma amostra de material radiativo (talvez apenas um único átomo). *O aparelho engenhoso é preparado de tal forma que se e quando o material radiativo decair, ele dispara a liberação de um gás venenoso, que matará o gato.*

o gato ficará vivo?

FÍSICA INDIGESTA

A física quântica é esquisita, mas funciona. O que não torna a Interpretação de Copenhague nem um pouco mais fácil de digerir. A pessoa que a achou mais pesada para o estômago foi Erwin Schrödinger. Foi por isso que ele inventou seu "Paradoxo do Gato", em 1935. Seu experimento, no entanto, é menos um paradoxo que uma ilustração gráfica da esquisitice do mundo quântico.

QUESTÕES CRUCIAIS

* Se você esperar fora da câmara por um período suficientemente longo, vai chegar um momento em que haverá uma chance de exatamente 50:50 da amostra radiativa decair do jeito certo para disparar o aparelho diabólico. ***Qual é, pergunta Schrödinger, o estado do gato precisamente nesse instante? E o que você verá se abrir a porta da câmara?***

* A segunda questão é mais fácil de responder: se você olhar, verá ou um gato morto ou um gato vivo, com probabilidades iguais. Ou, dito de outra forma, se você fizesse esse experimento mil vezes, metade do tempo você encontraria um gato vivo e metade um gato morto.

o experimento do gato de Schrödinger demonstra a esquisitice do mundo quântico

Erwin Schrödinger

Erwin Schrödinger (1887-1961)

O homem que apareceu com a versão mais amplamente usada da teoria quântica, a mecânica ondulatória, achou que estava restabelecendo a sanidade num assunto que tinha saído do controle. Físico da velha escola, ele tinha quase 40 anos quando fez esse trabalho. Expressando a física quântica através de ondas, Schrödinger esperava alinhá-la com as idéias clássicas. Quando isso se mostrou impossível, ele ficou profundamente perturbado – e não quis mais saber da teoria quântica, exceto para apontar o que considerava suas falhas.

ABRINDO A PORTA

*** De acordo com a Interpretação de Copenhague, o colapso da função de onda *só ocorre quando você observa* – portanto, *logo antes* de você abrir a porta da câmara hipotética de Schrödinger e olhar lá dentro, a amostra radiativa ainda está vagando num estado de incerteza, sem saber se decaiu ou não.**

AVISO

Para confortar o leitor informamos que nenhum experimento, como esse do paradoxo de Schrödinger, jamais foi realizado, e que nenhum gato foi maltratado dessa maneira – a idéia de um experimento de pensamento é que tudo, literalmente, se passe em nossa cabeça.

MORTO OU VIVO?

* Neste ponto, sua função de onda ainda contém ambas as possibilidades, como o elétron não observado no experimento com os dois orifícios passando por ambos de uma vez só. ***Assim, o veneno foi e não foi liberado, e o gato está tanto vivo quanto morto.*** Supõe-se que tudo dentro da câmara é descrito por uma função de onda incerta, que só entra em colapso quando alguém a observa. Ninguém acredita que o interior da câmara realmente esteja assim – mas o problema é que ninguém achou uma maneira matematicamente melhor de descrever o que está acontecendo lá.

DEIXE QUE O GATO DECIDA

* Uma maneira aparentemente óbvia de resolver o paradoxo de Schrödinger é dizer que o próprio gato é capaz de decidir se está vivo ou não, e a função de onda pode entrar em colapso por conta própria. Então, onde se traça a fronteira? Pode-se fazer o mesmo no caso de um rato, ou uma mosca, ou um micróbio?

* ***Algumas pessoas dizem que é o número de átomos (ou de outras partículas) em jogo que faz que sistemas mais complicados se comportem de acordo com a física clássica, enquanto sistemas mais simples (isto é, aqueles que possuem menos átomos) obedecem às leis quânticas.***

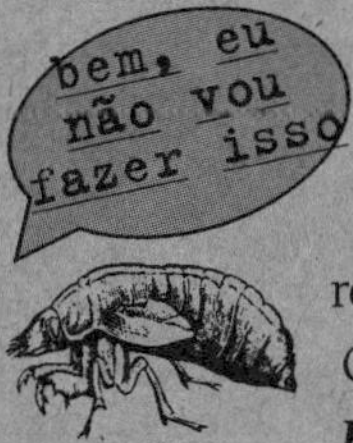

* Mais uma vez, porém, onde está a fronteira? As moléculas de DNA obedecem às regras quânticas. Moscas, não. Onde está o limite entre elas? ***Pode realmente haver um sistema que obedece às regras quânticas mas que, com um átomo a mais, passasse a se comportar classicamente? Ninguém sabe dizer.***

O que é vida?

Schrödinger deixou a Alemanha em 1933, quando os nazistas tomaram o poder, e apareceu em Oxford com mulher e amante, mas não ficou muito tempo. Depois de diversas mudanças, estabeleceu-se em Dublin, onde um instituto foi criado para dar-lhe uma base. Lá, escreveu um livro sobre os fundamentos moleculares da vida, intitulado *O que é vida?* Isso encorajou uma geração de físicos a se voltar para a biologia molecular após a Segunda Guerra. Um deles foi Francis Crick, co-descobridor da estrutura do DNA.

estarão todos os tipo de coisas acontecend num Universo paralelo

MUITOS UNIVERSOS

★ Para alguns estudiosos, o paradoxo de Schrödinger é tão preocupante que eles se sentiram compelidos a bolar outros tipos de interpretações alternativas do mundo quântico. Mas cada uma é, a seu modo, tão esquisita quanto a Interpretação de Copenhague; por exemplo, a Interpretação dos "Muitos Universos", que é familiar aos fãs de ficção científica.

Primeira, mas pior?

Algumas pessoas acham a idéia dos "Muitos Universos" mais fácil de aceitar que a Interpretação de Copenhague. Outras não. Mas a maioria usa mais a Interpretação de Copenhague que qualquer outra, simplesmente porque ela apareceu primeiro e foi estabelecida no mercado pela poderosa defesa que Niels Bohr fez dela.

REALIDADES SEPARADAS

★ De acordo com a Interpretação dos "Muitos Universos", cada vez que o mundo quântico se defronta com uma escolha (como se a amostra radiativa na câmara com o gato decaiu ou não), o Universo inteiro se divide em dois – ou em tantas cópias quantas forem necessárias para cobrir cada possibilidade resultante do evento quântico.

★ No caso do gato de Schrödinger, em vez de vagar num estado de incerteza, o átomo radiativo tanto decai quanto não decai, criando duas realidades separadas – que, de algum modo, coexistem uma ao lado da outra.

★ ***Essas realidades separadas são cópias completas uma da outra, exceto pelo resultado da escolha quântica específica.*** Assim, há um Universo em que você abre a porta e encontra um gato morto, e um Universo ao lado, no qual uma cópia exata de você abre a porta e encontra um gato vivo.

INTERPRETAÇÕES MÚLTIPLAS

chip de computador

★ O fato é que todas as diferentes interpretações da mecânica quântica lhe dão exatamente as mesmas respostas sobre as coisas que podem realmente ser medidas. Elas dão exatamente os mesmos valores para o projeto de *chips* de computadores, ou para a manipulação de DNA com propósitos de engenharia genética, ou o que for. Se houvesse algum modo prático de diferenciá-la nesse nível, ficaria claro qual a melhor – ***mas como elas são matematicamente idênticas, você tem o direito de escolher de qual gosta mais (ou qual lhe parece menos inaceitável).***

a teoria dos "Muitos Universos" diz que há mundos paralelos: em um o gato está vivo e no outro, morto

VERDADE MATEMÁTICA

Não ligue se você não consegue entender o funcionamento do mundo quântico. Nas palavras de Richard Feynman (que ganhou o prêmio Nobel, em 1965, por seu trabalho em física quântica, e sabia do que estava falando), "ninguém entende como isso pode ser assim". ***O que importa é a verdade sobre o modo como o mundo funciona, expresso na matemática.*** A verdade está nas equações – e todas as imagens físicas são apenas simulacros mentais, feitos para ajudar mentes humanas inadequadas a visualizar o que está acontecendo, com base em analogias retiradas do mundo da experiência cotidiana. E isso, com certeza, é tudo que um leigo em física precisa saber sobre a mecânica quântica.

CAPÍTULO 4

FÍSICA AINDA MAIS MODERNA

★ A física mais recente ataca de duas maneiras diferentes o enigma de como o mundo funciona. Uma linha continua com a abordagem desenvolvida pelos pioneiros quânticos, sondando mais e mais profundamente a estrutura da matéria, na tentativa de descobrir os blocos fundamentais. A outra adota um caminho totalmente diverso, e se concentra no modo como grandes blocos (sejam eles quais forem) se comportam. A idéia é que o todo pode ser mais que a soma das partes - ou, ao menos, que pode ser uma boa idéia descobrir se isso é verdade ou não.

QUANTA DE CAMPO

A física clássica dizia que as partículas eram carregadas de um lugar para outro através de ondas num campo de forças. A física moderna diz que elas são carregadas por outras partículas, conhecidas como os quanta de um campo.

FÉRMIONS E BÓSONS

★ O mundo cotidiano é constituído de átomos, e o comportamento das entidades que formam os átomos é muito bem descrito pelas regras da física quântica. Embora seja sempre preciso lembrar que todas as partículas também são ondas, e todas as ondas são também partículas, ainda assim é conveniente imaginar o mundo feito de partículas, e falar sobre as interações entre as partículas como estando associadas a campos como o eletromagnético.

* *Mas há uma diferença fundamental entre as duas maneiras de ver as coisas. As coisas que estamos acostumados a ver como partículas, tais como os elétrons, são conservadas (há sempre o mesmo número de elétrons no Universo). Ao passo que as coisas que estamos habituados a ver como quanta do campo – como fótons – não são conservadas (você cria bilhões deles ao acender uma lâmpada, mas eles desaparecem ao serem absorvidos pelo seu olho). Por razões históricas, partículas do primeiro tipo são chamadas de* FÉRMIONS, *enquanto as outras (partículas do tipo do fóton) são chamadas de* BÓSONS.

ELETROMAGNETISMO QUÂNTICO

* As partículas que formam os átomos são os prótons e nêutrons no núcleo, e os elétrons ao redor deste. As interações entre as partículas eletricamente carregadas (os prótons e elétrons) e entre os próprios átomos são descritas pela versão quântica do eletromagnetismo – uma teoria conhecida como ELETRODINÂMICA QUÂNTICA, ou QED (do inglês *quantum electrodynamics*).

PALAVRAS-CHAVE

FÉRMIONS:
partículas do mundo material – coisas como elétrons e prótons.

BÓSONS:
quanta do campo portadores das forças – coisas como fótons.

Tudo diferente

Em vez de descrever as interações eletromagnéticas em termos de ondas, na QED essas interações são descritas em termos de fótons trocados entre as partículas. ***Na teoria quântica, como todas as ondas podem ser descritas como partículas, segue-se que todas as forças podem ser descritas dessa maneira (como a troca de quanta do campo). O fóton é o quantum do campo eletromagnético.***

uma força poderosa os mantém juntos

GRAVIDADE E GRÁVITONS

Não temos de nos preocupar com a gravidade quando pensamos sobre as forças entre átomos e moléculas no nível químico, pois a gravidade é muito mais fraca que o eletromagnetismo. Para ser exato, a força de repulsão elétrica entre dois prótons é cerca de 10^{36} (1 seguido de 36 zeros) vezes mais intensa que a força gravitacional que tenta juntá-los. É por isso que as estrelas são tão grandes. Elas pecisam ser, para que a gravidade sobrepuje essas forças eletromagnéticas e faça que os prótons se fundam em seus núcleos, liberando energia no processo. ***Mas o funcionamento da gravidade também pode ser descrito como a troca de quanta do campo – que são conhecidos, nesse caso, como GRÁVITONS.***

INTERAÇÕES NUCLEARES

*** Para que os núcleos atômicos permaneçam coesos, a despeito do fato de que são cheios de prótons positivamente carregados, deve haver alguma força muito mais intensa que o eletromagnetismo – e muito, muito mais forte que a gravidade – para fazer o truque. Ela é conhecida como força nuclear forte.**

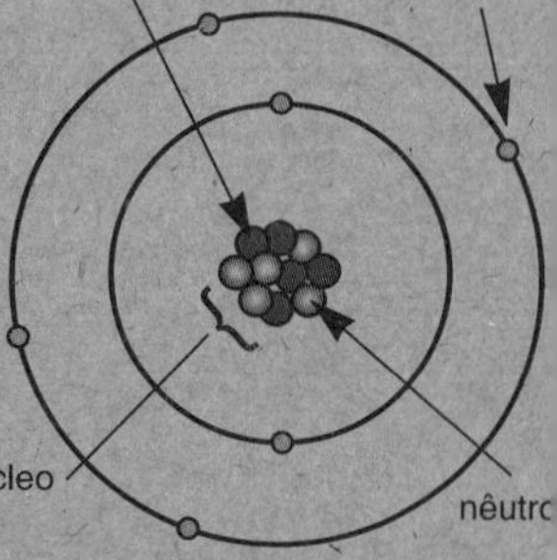

dentro do átomo

A FORÇA NUCLEAR FORTE

* *A força nuclear forte tem um alcance muito limitado. De fato, ela não pode ser sentida a uma distância maior que o diâmetro de um núcleo – é por isso que os núcleos têm o diâmetro que têm.* Mas ela é, com efeito, muito mais intensa que a força eletromagnética (cerca de cem vezes mais forte), e mantém o núcleo coeso a despeito da repulsão de toda aquela carga positiva. Essa situação é auxiliada também pela presença de nêutrons no núcleo, que também sentem a força forte, mas não possuem carga elétrica.

A FORÇA NUCLEAR FRACA

* Há uma outra interação que afeta os núcleos. É a chamada interação nuclear fraca – porque é mais fraca que a interação nuclear forte e mais fraca que o eletromagnetismo (ainda assim, é 10^{25} vezes mais forte que a gravidade). ***Ela opera de maneira sutilmente diferente das demais interações, e se faz conhecer ao causar um processo de decaimento radiativo, em que um núcleo instável se divide (ou se fissiona) em duas ou mais partes.***

DECAIMENTO BETA

A interação fraca também é a força motriz por trás de um processo relacionado, conhecido como decaimento beta. Ele ocorre quando um nêutron espontaneamente emite um elétron (os elétrons costumavam ser chamados de raios beta) e uma partícula chamada de ANTINEUTRINO do elétron, e se transforma num próton. Isto é permitido pelas regras quânticas – ainda que os elétrons devam ser conservados – porque o antineutrino do elétron equilibra a contabilidade. Para os propósitos desse tipo de contabilidade, o nêutron e o próton podem ser vistos como diferentes versões da mesma partícula, às vezes apelidada de NÚCLEON.

PALAVRAS-CHAVE

GRÁVITON: o quantum do campo gravitacional.

NEUTRINO: uma partícula da mesma família do elétron, que não possui carga elétrica e apenas uma massa minúscula (possivelmente nenhuma massa).

ANTINEUTRINO: contrapartida antimaterial ao neutrino.

NÚCLEON: qualquer um dos dois tipos de partículas encontrados no núcleo atômico – o próton e o nêutron.

a contabilidade atômica só tem a ver com a manutenção do equilíbrio das cargas positivas e negativas

PARTÍCULAS E ANTIPARTÍCULAS

* As ANTIPARTÍCULAS são um tipo de contrapartida espelhada às partículas cotidianas: elas possuem propriedades invertidas. Por exemplo, a contrapartida em antipartícula ao elétron, o antielétron, tem carga positiva em vez da negativa. Por essa razão, ele é freqüentemente chamado de PÓSITRON.

as antipartículas são uma imagem espelhada

PALAVRAS-CHAVE

ANTIPARTÍCULA: uma versão "espelhada" de uma partícula, com propriedades invertidas.
PÓSITRON: a antipartícula correspondente ao elétron.
QUARK: uma partícula fundamental que existe dentro dos prótons, nêutrons e de algumas outras partículas.

A DESCOBERTA DOS QUARKS

* Não há qualquer evidência experimental de que os elétrons tenham alguma estrutura interna (eles se comportam como se sua massa e carga elétrica estivessem concentradas num ponto). Mas na década de 1960, diversas linhas de evidência experimental sugeriram indiretamente que pudesse haver uma estrutura dentro dos prótons e nêutrons. **George Zweig** *e* **Murray Gell-Mann,** ***independentemente,***

nós o chamamos de quark!

Murray Gell-Mann

encontraram uma explicação para os experimentos, propondo que havia partículas dentro dos dois tipos de núcleons. Gell-Mann deu a essas partículas o nome de "QUARKS". Embora ele quisesse que a palavra rimasse com "torque", a maioria dos físicos pronuncia de modo que rime com "charque" – mas qualquer pronúncia é aceitável.

DENTRO DOS NÚCLEONS

* Na década de 1970, uma equipe do Acelerador Linear de Stanford, na Califórnia, sondou a estrutura dos núcleos, disparando feixes de elétrons sobre alvos sólidos – de modo bem semelhante àquele com que a equipe de Rutherford havia sondado a estrutura do átomo, disparando partículas alfa sobre um lâmina de ouro, em 1909 (ver p. 88). Os elétrons ricochetearam em alguma coisa dentro dos núcleons, e James Bjorken e Richard Feynman mostraram que as propriedades das partículas dentro dos núcleons batiam com as propriedades esperadas dos quarks.
* ***A imagem que emergiu da estrutura interna dos núcleons é que o próton e o nêutron são compostos de três quarks cada um. Mas só dois tipos diferentes de quarks são necessários para descrevê-los.*** Esses quarks receberam os nomes engraçadinhos de "UP" (para cima) e "DOWN" (para baixo) – mas os nomes não significam nada, poderiam bem ser Tom e Jerry. ***Um próton é feito de dois quarks*** **up** ***e um quark*** **down**, ***ao passo que o nêutron é feito de dois quarks*** **down** ***e um quark*** **up**.

CONTANDO PARTÍCULAS

Quando estamos calculando quantas partículas estão envolvidas em uma interação, cada partícula é contada como +1, e cada antipartícula como –1. ***O número de partículas terminando a reação deve ser sempre o mesmo que havia começado.*** Nesse sentido, quando um nêutron decai num próton e libera um elétron e um antineutrino, essas duas entidades se cancelam. Começamos com uma única partícula, o nêutron, com contagem +1. Terminamos com três objetos, mas a contagem é +1 para o próton, +1 para o elétron, e –1 para o antineutrino. Assim, o total ainda é +1.

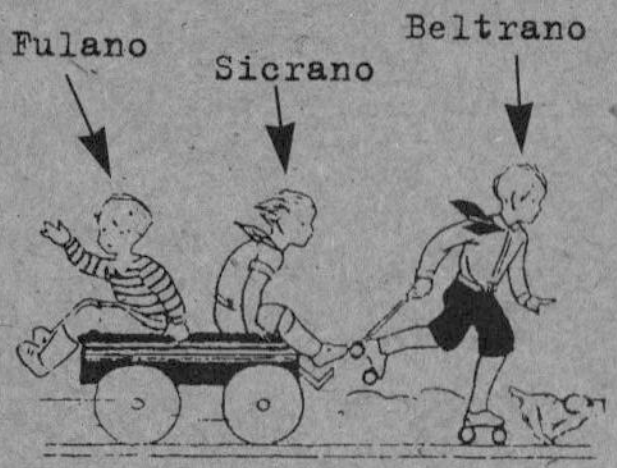

NOMES COLORIDOS

O nome dado à propriedade dos quarks que é análoga à carga elétrica é totalmente arbitrário. Não significa que quarks sejam coloridos no sentido comum, do mesmo modo que dar a uma criança o nome de Rosa não quer dizer que ela seja colorida. É só um nome. Poderia ter sido melhor que a carga de cor e o campo de cor tivessem sido chamados de carga de cola e campo de cola, especialmente porque o termo "força de cola" é utilizado. Apesar de haver apenas dois tipos de cargas elétricas (positiva e negativa), há três tipos de carga de cor: VERMELHO, VERDE e AZUL. Elas poderiam muito bem ter sido chamadas de Fulano, Sicrano e Beltrano.

À FORÇA DE COR

★ Os quarks são mantidos unidos dentro dos núcleons por aquilo que parece à primeira vista ser uma outra força (ou interação), que se comporta de modo similar à força nuclear forte. Mas verificou-se que esta é verdadeiramente a interação subjacente, responsável pela própria força nuclear forte – de modo que ainda temos apenas quatro forças fundamentais na natureza.

agora pegue a cola e os 3 quarks que você fez antes e monte o modelo

CARGA DE COR

★ Quarks possuem carga elétrica (o quark *up* tem uma carga de $^2/_3$ da carga do próton, e o quark *down* tem uma carga de $^1/_3$ do elétron), mas eles também possuem uma outra propriedade, muito similar à carga elétrica. Ela é chamada de carga de cor, mas o nome é totalmente arbitrário. Não significa que os quarks sejam realmente coloridos.

CROMODINÂMICA QUÂNTICA

* *Os quarks são mantidos unidos pela troca de partículas chamadas* GLÚONS *(do inglês "glue", que significa cola, pois eles "colam" os quarks uns aos outros), que desempenham no* CAMPO DE COR *o papel que os fótons têm no campo eletromagnético.*
* A teoria de quarks/glúons que descreve esse comportamento é baseada na QED (ver p. 119), e é chamada de CROMODINÂMICA QUÂNTICA, ou QCD (do inglês *quantum chromodynamics*). Parte da força de cor que mantém os quarks unidos dentro dos núcleos vaza para o exterior, e pode interferir num núcleon vizinho. ***Isto é o que percebemos como a força nuclear forte.***

a física quântica é cheia de nomes engraçadinhos

PALAVRA-CHAVE

GLÚONS: os quanta do campo de cor.

Duplicação estranha

Os dois tipos de quarks necessários para fazer prótons e nêutrons são balanceados com precisão pelo elétron e seu parceiro neutrino, envolvido no processo de decaimento nuclear beta (ver p. 121). ***Há somente quatro tipos de partículas necessários para descrevermos todo o mundo material observado, e apenas quatro tipos de forças. Estranhamente, no entanto, ocorre que as partículas são duplicadas na natureza – não uma vez, mas duas.***

PARTÍCULAS ACELERADAS

*** Aceleradores de partículas são máquinas utilizadas para colocar partículas como elétrons e prótons em energias muito altas, e esmagá-las umas contra as outras. Falamos de altas energias, em vez de altas velocidades, porque nenhuma partícula pode se mover mais rapidamente que a luz. Conforme a velocidade das partículas nos aceleradores vai chegando perto desse limite, a energia fornecida (a partir de campos eletromagnéticos) aumenta a massa das partículas, em vez de fazê-las mais velozes.**

novas partículas são criadas nas colisões

Charmoso e estranho

Como os quarks *up* e *down*, há versões mais pesadas, instáveis, que podem ser manufaturadas em colisões entre partículas – nomeadamente, um par conhecido como CHARMOSO e ESTRANHO, e um par conhecido como TOP (no alto) e BOTTOM (no fundo). Ninguém sabe por que a natureza quis triplicar as partículas fundamentais dessa maneira, formando três "gerações" de partículas fundamentais. Mas, para a maioria dos propósitos, tudo com que devemos nos preocupar são os quarks *up* e *down*, o elétron e seu neutrino, e as quatro interações fundamentais.

CRIANDO NOVAS PARTÍCULAS

* Novas partículas são criadas nas colisões. ***Elas são literalmente novas, não apenas pedaços que se desprenderam das partículas em colisão***. As novas partículas são feitas a partir de energia pura, na linha da famosa equação de Einstein $E = mc^2$, que pode ser invertida para dar $m = E/c^2$. Quanto mais energia (E) você fornece, mais massa (m) pode obter (como sempre, c é a velocidade da luz). ***A maioria das partículas formadas dessa maneira é instável, e logo decai em formas familiares como elétrons e prótons***.

VERSÕES PESADAS

★ *Bem como o elétron e seu neutrino, com um acelerador de partículas é possível manufaturar uma versão mais pesada de cada um, e uma terceira versão, ainda mais pesada.*

★ Um elétron pesado é chamado de <u>MÚON</u>. Sua massa é mais de 200 vezes maior que a massa do elétron (para comparação, a massa do próton é cerca de 2.000 vezes maior que a massa do elétron, e o nêutron tem praticamente a mesma massa que o próton), mas no mais ele é idêntico ao elétron. Apesar de poder ser produzido em aceleradores, ele decai num elétron em apenas dois milionésimos de segundo.

VIDA CURTA

O elétron ainda mais pesado é chamado <u>PARTÍCULA TAU</u> (algumas vezes tau-menos), ou <u>TAU</u>. Ele tem uma massa 70% maior que a do próton, mas sua vida-média é de apenas 30 milésimos de bilionésimo de segundo. O múon e o tau têm cada um seu próprio tipo de neutrino, que os acompanham nas interações entre partículas (os neutrinos têm massas minúsculas). Todas essas partículas do tipo dos elétrons e neutrinos são coletivamente conhecidas como <u>LÉPTONS</u>.

PALAVRAS-CHAVE

MÚON:
uma versão mais pesada do elétron.

TAU:
um versão ainda mais pesada do elétron.

LÉPTONS:
nome coletivo para elétron, múon, tau e seus respectivos neutrinos.

A TEORIA DE WEINBERG-SALAM

*** Uma das grandes conquistas da física teórica se deu em 1967, quando dois pesquisadores,** Abdus Salam e Steven Weinberg, **independentemente, descobriram uma maneira de combinar a interação eletromagnética e a interação nuclear fraca num único pacote. Eles mostraram que ambas as interações poderiam ser vistas como manifestações de uma única força, que ficou conhecida como INTERAÇÃO ELETROFRACA.**

os físicos estão à procura de uma teoria universal de todas as coisas

FÍSICO POPULAR

Fora do campo da física teórica, Steven Weinberg, físico norte-americano que desempenhou um papel preponderante no desenvolvimento da teoria eletrofraca na década de 1960, é conhecido por um público amplo como autor de um *best seller* sobre o big-bang, intitulado *Os três primeiros minutos.*

A ELETROFRACA EM AÇÃO

* *A característica crucial da teoria eletrofraca é que ela inclui quatro quanta de campo.* Há o familiar fóton, que é o intermediador da interação eletromagnética; e há três outros bósons, chamados W^+, W^- e Z^0, que fazem a intermediação de todas as possíveis interações fracas.

* Há três desses bósons porque as interações fracas, diferentemente das eletromagnéticas, podem envolver essas partículas na mudança de cargas elétricas – como quando um nêutron

(que é eletricamente neutro) decai num próton positivamente carregado e num elétron negativamente carregado, mais um antineutrino do elétron. De acordo com o novo quadro, o que ocorre é que o nêutron emite uma partícula W^-, tornando-se um próton, e daí o W^- decai nas outras duas partículas.

★ Mais genericamente, os quanta carregados do campo eletrofraco podem levar carga elétrica positiva ou negativa de uma partícula para outra. Mas, como algumas interações fracas não envolvem uma mudança de carga, tem de haver também um bóson neutro, a partícula Z.

PALAVRA-CHAVE

INTERAÇÃO ELETROFRACA: versão unificada do eletromagnetismo e da interação fraca, descrita por um único conjunto de equações.

Em busca de uma teoria universal

O que os físicos gostariam de ter é uma teoria unificada, que pudesse descrever todas essas entidades num único conjunto de equações matemáticas, da mesma forma que as equações de Maxwell descreveram tudo que a ciência do século XIX conhecia sobre interações eletromagnéticas. Esta é uma boa analogia, pois Maxwell mostrou que eletricidade e magnetismo poderiam ser unificados num único pacote matemático. Se duas forças podem ser unificadas dessa maneira, por que não todas elas?

PREVISÕES CONFIRMADAS

★ Diferentemente dos fótons, os dois W e a partícula Z têm de possuir massa. ***O grande triunfo da teoria eletrofraca foi que, quando essas partículas foram manufaturadas pela primeira vez em experimentos com aceleradores, no CERN, no início da década de 1980, as massas previstas para as partículas revelaram-se exatamente corretas.*** Os dois W têm cada um cerca de 83 vezes a massa de um próton, ao passo que a massa do Z é cerca de 93 vezes a do próton. As três partículas são, é claro, altamente instáveis, e rapidamente decaem em outras coisas.

FEITA DE ENERGIA PURA

★ Como pode uma partícula como um nêutron emitir uma partícula que é 80 ou 90 vezes mais pesada que ela própria? Porque a partícula que está sendo emitida foi feita de energia pura, não da massa do nêutron. Ela nunca esteve "dentro" do nêutron, de maneira alguma.

Abdus Salam (1926-1996)

Devotado a encorajar o desenvolvimento da ciência no Terceiro Mundo, Salam trabalhou no Paquistão, onde nasceu, e depois em Cambridge, antes de se tornar professor de física teórica no Imperial College, em Londres (1957-1993). Além de seu trabalho pioneiro na teoria eletrofraca, ele fundou o Centro Internacional de Física Teórica, em Trieste, onde jovens cientistas de países em desenvolvimento trabalham ao lado de especialistas visitantes.

Abdus Salam

forças muito intensas têm alcanc pequeno, mas força menos intensas têm um alcance enorme

ENERGIA A PARTIR DA INCERTEZA

★ *A energia vem da* INCERTEZA QUÂNTICA. *Com a incerteza que relaciona posição e momento, há uma incerteza que relaciona tempo e energia.* ***Ela diz que por um breve instante de tempo, um pacote de energia pode ganhar vida a partir do nada absoluto.*** Quanto mais curto o tempo em questão, maior a energia que pode aparecer dessa maneira. Mas ela tem de desaparecer novamente dentro de um tempo-limite determinado por sua massa equivalente – que é dada por aquela equação familiar, $E = mc^2$.

DESCARTE IMEDIATO

★ Energia suficiente para produzir uma partícula W ou Z pode aparecer dessa maneira, contanto que ela desapareça prontamente. No decaimento beta, um pouquinho de energia extra vem da massa do nêutron (mais uma vez $E = mc^2$) – e assim, quando a partícula W^- é forçada a desaparecer, ela devolve a energia extra que roubou do nêutron na forma de um elétron e seu parceiro antineutrino, em vez de deixar algum rastro. Portanto, os prótons têm um pouco menos de massa que os nêutrons.

★ *A quantidade de energia envolvida determina quão longe uma partícula produzida dessa maneira (denominada uma* PARTÍCULA VIRTUAL*) pode chegar antes de ter de decair. Quanto maior a massa, menor a distância que ela pode percorrer. Isso limita o alcance dos bósons envolvidos e explica por que as forças nucleares forte e fraca operam apenas numa escala minúscula, ao passo que a interação eletromagnética e a gravidade – que são mediadas por fótons e grávitons sem massa, respectivamente – têm um alcance enorme (em princípio, infinito).*

um pacote de energia pode surgir do nada, contanto que desapareça logo

posso pegar um pouquinho de energia emprestada até terça

PALAVRAS-CHAVE

INCERTEZA QUÂNTICA: fenômeno do mundo quântico que se aplica a vários pares de propriedades, como posição-momento e energia-tempo. Quanto mais precisamente um membro do par é conhecido, menos o é o outro.

PARTÍCULA VIRTUAL: uma partícula que existe apenas como resultado da incerteza quântica. Ela "toma emprestado" energia do vácuo para se formar, mas rapidamente tem de devolvê-la e sumir. O espaço vazio é um caldeirão borbulhante de partículas virtuais.

TIRAS ELÁSTICAS E COLA

★ Diferentemente das forças gravitacional e eletromagnética, a força de cola é *mais intensa* quando opera em pares ou tripletos de quarks que estão muito distantes. Isso parece bizarro, até você perceber que todos conhecemos bem algo que age de modo similar – a tira elástica. Se as duas extremidades da tira estão próximas, ela fica frouxa e flexível; mas se você separa as extremidades, o elástico estica e resiste ao movimento, forçando sua volta.

PALAVRAS-CHAVE

A FORÇA DE COLA: outro nome para a força de cor que mantém os quarks unidos em pares ou tripletos.
CONFINAMENTO: termo que descreve o fato dos quarks estarem sempre confinados dentro de outras partículas.
ANTIQUARK: contrapartida antimaterial ao quark.
PÍON: partícula formada por um par quark-antiquark.

COMO A FORÇA DE COLA FUNCIONA

★ Assim: se você tentar separar dois quarks (talvez atingindo um dos quarks dentro de um próton com um elétron bem veloz), eles só poderão se mover até serem puxados de volta aos seus lugares, nesse caso dentro do próton. É por isso que a força de cola só tem um curto alcance na prática, mesmo os glúons não tendo massa.

UMA EXISTÊNCIA GREGÁRIA

Por causa de uma propriedade chamada CONFINAMENTO, os quarks nunca são vistos isoladamente. Isso ocorre pelo modo como a FORÇA DE COLA opera. As regras quânticas só permitem que existam pares ou tripletos de quarks.

QUARK MAIS ANTIQUARK IGUAL A PÍON

★ Se você esticar uma tira elástica com muita força, ela se romperá. Num par ou tripleto de quarks, se você atingir um deles com intensidade suficiente, ele acabará, em certo sentido, se libertando.

★ Mas isso só pode ocorrer se você colocar energia suficiente para produzir não um, mas ***dois*** novos quarks (estritamente falando, um quark e um ANTIQUARK) no ponto em que o rompimento ocorre. Um dos novos quarks é puxado de volta para dentro do próton, e o outro novo quark (na verdade, o antiquark) escapa junto com o quark que tinha sido atingido, num par quark-antiquark conhecido como PÍON. ***Nenhum experimento jamais mostrou a existência de um quark isolado, mas quando a matéria é bombardeada por elétrons de alta energia, é possível observar feixes de píons emergindo.***

Três ou quatro interações?

Estritamente falando, mesmo hoje, só temos realmente três interações fundamentais (a interação eletrofraca, a QED, e a gravidade) para nos preocuparmos, não quatro. Entretanto, muitas pessoas tentaram levar as coisas um passo adiante trazendo a QCD para a jogada. Há muitas idéias diferentes de como isso poderia ser feito, e elas são genericamente conhecidas como TEORIAS GRANDE-UNIFICADAS, ou GUTs (do inglês *grand unified theories*, que resulta num trocadilho com *guts*, intestinos).

TEORIAS GRANDE-UNIFICADAS

★ Ninguém foi exatamente bem-sucedido na descoberta de uma teoria grande-unificada que funcione perfeitamente – em grande parte porque a QCD é um tipo muito mais complicado de interação que a QED ou a interação eletrofraca.

QED E QCD

* Na QED (ver p. 119), há apenas um tipo de bóson para nos preocuparmos – o fóton – e ele não tem massa. Nas interações fracas, há três bósons com os quais devemos nos preocupar, e além disso eles têm massa. Mas pelo menos nenhum desses bósons interagem entre si.

* Na QCD (ver p. 125), há oito tipos de bósons diferentes – os glúons – com os quais devemos nos preocupar. Eles não têm massa (o que é uma coisa a menos para incomodar), mas podem interagir entre si, até mesmo formando entidades conhecidas como *GLUEBALLS* (bolas de cola). Isso torna as coisas muito mais complicadas.

IGUALDADE PARA OS LÉPTONS

★ *Se uma teoria grande-unificada fosse desenvolvida, ela deveria incluir quarks e léptons em pé-de-igualdade.* Isso é similar ao modo pelo qual a teoria eletrofraca coloca elétrons e neutrinos em pé de igualdade, com os bósons apropriados capazes de, graças à sua carga elétrica e

PALAVRAS-CHAVE

GLUEBALL: (às vezes chamada de gluônio) partícula hipotética que seria constituída somente por uma bola de glúons.

BÓSON-X: partícula hipotética necessária para unificar completamente a teoria eletrofraca e a QCD.

a outras propriedades, transformar elétrons em neutrinos e vice-versa. (Isso é essencialmente o que ocorre no segundo estágio do decaimento beta, depois que o nêutron emitiu uma partícula W^-).

SEMELHANÇA FAMILIAR

★ A igualdade entre quarks e léptons parece provável, pois, como vimos, há três gerações de quarks e três gerações de léptons indicando algum tipo de conexão familiar.

★ ***Assim, deveria haver um tipo de bóson que pudesse transformar quarks em léptons, da mesma forma que um bóson da interação fraca consegue transformar um neutrino num elétron – ou transformar a si mesmo em um elétron e um antineutrino, o que é a mesma coisa.*** As várias abordagens que foram propostas visando a uma teoria grande-unificada prevêem a massa desse quantum de campo, que é chamado de BÓSON-X.

Um teste difícil

Como diferentes GUTs prevêem diferentes massas para o bóson-X, por que não as testamos medindo a massa de bósons-X reais? Infelizmente, todas as massas previstas pelas candidatas a GUT são tão altas (em torno de um milhão de bilhões de vezes a massa do próton) que não há esperança de manufaturá-los em qualquer acelerador de partículas que pudesse ser construído na Terra. De fato, as energias necessárias para produzir partículas com tanta massa só teriam existido no primeiro instante de existência do Universo – no big-bang.

RUMO A UMA TEORIA DE TUDO

★ A gravidade é ainda mais difícil de ser colocada na jogada, por ser muito mais fraca que todas as outras interações. Mas durante as duas últimas décadas do século XX, os físicos teóricos encontraram uma maneira de contornar todas as dificuldades com a QCD e a gravidade, e saltar direto para uma teoria completa de todas as partículas e forças da natureza – uma verdadeira "TEORIA DE TUDO", operando em nível muito mais profundo que qualquer coisa que consideramos até agora.

Cancelando os infinitos

Em teorias como a QED, os infinitos são descartados com um truque chamado RENORMALIZAÇÃO. Ele consiste em dividir um infinito por outro, para que se cancelem. Funciona, mas os físicos mais brilhantes, como Paul Dirac e Richard Feynman, estiveram sempre profundamente insatisfeitos com ele.

NENHUM TAMANHO

★ A pré-história dessa nova idéia – que atende pelo nome prosaico de TEORIA DE CORDAS – leva-nos de volta à década de 1960. *Não surpreendentemente, ao fim da década de 1960, os físicos imaginavam as partículas fundamentais como os elétrons, simplesmente como partículas.*

★ Algumas (como os prótons, que possuem um tamanho mensurável) eram tidas como objetos minúsculos como bolas de sinuca em miniatura.

bolas de sinuca

Outras, como os elétrons (que não possuem qualquer tamanho que tenha sido medido em experimentos até hoje) eram tidas como pontos, com literalmente nenhum tamanho. Mas sempre houve problemas com essa idéia.

NENHUM PROBLEMA

★ *O problema principal é que entidades com volume nulo permitem que quantidades infinitas apareçam nas equações.* Por exemplo, a força elétrica associada à carga num elétron é inversamente proporcional ao quadrado da distância entre ele e o objeto afetado. Quanto mais perto você fica (se você é outra partícula carregada), maior a força. Se o elétron tem tamanho zero, você pode chegar a uma distância zero dele – e um dividido por zero (para não dizer zero ao quadrado) é infinito.

PALAVRA-CHAVE

RENORMALIZAÇÃO: truque utilizado pelos físicos de partículas para se livrar dos infinitos em suas equações.

tem a ver com cordas

Gabriele Veneziano foi um dos primeiros teóricos de cordas

O nascimento da teoria de cordas

No fim da década de 1960, novos resultados estavam vindo dos aceleradores de partículas, e diferentes tipos de "novas" partículas estavam sendo produzidos por eles (e imediatamente decaindo em partículas familiares). Havia muitas sugestões sobre o que poderia estar havendo. Uma particularmente intrigante é devida a **Gabriele Veneziano,** na forma de um conjunto de equações (um modelo matemático) projetado para descrever os padrões formados pelas interações. ***Quando os físicos olharam para as implicações dessas equações, ficaram surpresos ao perceber que elas não descreviam partículas puntiformes – mas sim pequenas linhas, como pedaços de corda.***

ENROLANDO-SE NAS CORDAS

* A primeira teoria de cordas propriamente dita é devida a Yoichiro Nambu, que tentou descrever partículas de pedaços de corda, vibrando e girando cada um com apenas um décimo de milésimo de bilionésimo de centímetro de comprimento, aproximadamente. A idéia era que um tipo de corda poderia vibrar de maneiras diversas, como notas diferentes tocadas numa corda de violão, de modo a produzir estados correspondentes a diferentes partículas. Acreditava-se que algumas propriedades das cordas (como a carga) estavam grudadas nas extremidades das cordas girantes.

PALAVRA-CHAVE

TEORIA DE CORDAS: teoria do mundo quântico que descreve partículas como os elétrons e quarks (e quanta de campo como os fótons) da vibração de minúsculos anéis de "corda".

DIMENSÕES EXTRAS

* Para a maioria das pessoas, a coisa mais estranha sobre esse tipo de corda é que ela envolve muito mais dimensões do que estamos acostumados. *Para explicar as propriedades dos diferentes tipos de "partículas", o tipo de corda de que estamos falando tem de vibrar num mínimo de dez dimensões. Isso é trivial de descrever matematicamente. Mas o que significa fisicamente? Onde estão as outras seis dimensões? E por que não as enxergamos?*

pouca gente mexia com as equações que descrevem as cordas

TEORIA DE SUPERCORDAS

★ A última variação da teoria de cordas atende pelo nome de "SUPERCORDA". Não apenas porque os físicos a consideram melhor que a teoria de cordas comum, mas porque ela usa uma idéia chamada SUPERSIMETRIA, ou SUSY (do inglês *supersimmetry*). ***De acordo com a SUSY, deve haver uma correspondência exata entre férmions e bósons. Como nenhum dos bósons conhecidos corresponde aos férmions conhecidos de maneira apropriada, isso pede um novo tipo de férmion para fazer par a cada tipo de bóson conhecido, e vice-versa.*** Estes são denominados PARCEIROS SUPERSIMÉTRICOS, ou PARTÍCULAS SUSY. Atualmente, não somos capazes de enxergar partículas SUSY, porque elas só existiram no big-bang, e daí rapidamente decaíram. Mas elas receberam nomes. Os novos bósons têm nomes que são criados com a adição de um "s" ao nome do férmion apropriado (assim, o parceiro do elétron é o selétron), enquanto os nomes dos novos férmions terminam em "ino" (como fotino). A supersimetria explica muitas características do mundo das partículas. Por isso, físicos no CERN, em Genebra, e no Fermilab, perto de Chicago, estão muito atarefados conduzindo experimentos de altas energias em busca das esquivas partículas SUSY.

CORDAS NA DÉCADA DE 1970

A primeira e acidental versão da teoria de cordas, que surgiu das equações de Veneziano, foi prontamente explicada através de quarks. Assim, a teoria de quarks tornou-se a principal linha de pesquisa para os teóricos de partículas na década de 1970 – e só umas poucas pessoas, principalmente com interesse em matemática, trabalhavam com as equações que descrevem cordas, o que não é coisa fácil.

DIMENSÕES INDESEJÁVEIS

★ Para se livrar de dimensões indesejáveis, os matemáticos usam um truque chamado COMPACTIFICAÇÃO. Se você olhar para uma mangueira de jardim de muito longe, ela parecerá uma linha unidimensional, ou uma corda fina. Porém, vista mais de perto, ela se revelará uma folha bidimensional enrolada em torno de uma terceira dimensão. De modo similar, uma linha é só uma seqüência de pontos, um após o outro – mas aquilo que a distância parece ser um único ponto na linha, é realmente um pequeno círculo, ou um anel fechado. Isso é a compactificação.

achei que isto fosse uma linha unidimensional, mas na verdade é uma mangueira de jardim

ENROLAMENTO MÚLTIPLO

★ Se você repetir várias vezes o truque, enrolando seis ou mais dimensões num nó complicado, o resultado vai parecer – a distância – com uma esfera, ou uma linha, ou um pequeno anel de corda, dependendo de como você enrola as dimensões.

★ *Há duas coisas importantes sobre a compactificação. A primeira é que ela sempre consegue esconder dimensões de sua vista – contanto que você a aplique numa escala suficientemente pequena, comparada com as coisas que você está realmente medindo.*

quem precisa de corda?

A segunda é que, embora as distâncias envolvidas sejam pequenas, elas não são zero. Assim, não surgem os problemas com os infinitos, pelo menos nas melhores versões da teoria de cordas.

TANTO BÓSONS QUANTO FÉRMIONS

* Até certo ponto, a versão de Nambu para a teoria de cordas funcionava. ***Mas ela só descrevia bósons, os quanta de campos que carregam as forças.*** Ela não descrevia férmions – o que foi embaraçoso, já que Nambu tinha começado com a intenção de descrever férmions, não bósons. ***Mas outro físico,*** **Pierre Ramond,** ***encontrou uma maneira de adaptar as equações de Nambu para descrever tanto bósons quanto férmions genericamente, e isso se desenvolveu numa teoria descrevendo férmions e bósons em termos de cordas vibrando em dez dimensões.***

ei, rápido! compactificação

PALAVRA-CHAVE

COMPACTIFICAÇÃO: truque usado pelos matemáticos para "enrolar" dimensões indesejáveis e escondê-las da nossa vista.

AGARRADOS ÀS CORDAS

É pouco provável que alguém tenha tomado conhecimento desses desenvolvimentos na década de 1970, pois a teoria de quarks estava causando grande sensação. O forte era a QCD. Quem precisava de cordas? No início da década de 1980, praticamente as duas únicas pessoas ainda trabalhando seriamente em teoria de cordas eram **John Schwartz**, nos Estados Unidos, e **Michael Green**, na Inglaterra. Eles decidiram que se a teoria de cordas viesse a ter alguma utilidade para alguém, ela teria de descrever todas as partículas e todas as forças da natureza, incluindo a gravidade. *De fato, ela teria de ser uma teoria quântica da gravitação.*

um anel de corda fechado é mais fácil de encolher

ENCOLHENDO A CORDA

★ Quaisquer planos de trazer a gravidade para dentro da jogada quântica ainda eram apenas sonhos no início da década de 1980, mas Schwartz e Green sabiam que estariam dando um passo rumo à gravitação quântica se pudessem encolher a corda de Nambu até o comprimento de Planck. Então eles apareceram com uma idéia nova – anéis de corda fechados.

ANÉIS ELEGANTES

★ Os anéis fechados se mostraram uma idéia particularmente elegante – porque diferentes pulsos viajando pelo anel numa direção correspondem a diferentes tipos de bósons, ao passo que pulsos viajando pelo anel em direção oposta correspondem a diferentes tipos de férmions.

o Universo pod ser imaginado como um imens tabuleiro de xadrez formad por minúsculo quadrados

GRAVITAÇÃO QUÂNTICA

A gravitação quântica tem sido um sonho dos físicos desde a década de 1920. ***Como a gravidade é muito fraca, efeitos quânticos só se tornam importantes numa minúscula escala de distância, conhecida como o*** COMPRIMENTO DE PLANCK. É virtualmente impossível imaginá-lo, dado que vale apenas 10^{-33}cm, ou 0,0000000000000000000000000000000001 cm (o núcleo de um átomo é cem bilhões de bilhões de vezes maior que o comprimento de Planck). ***Se a teoria quântica se aplicar à gravidade, então nessa escala o espaço-tempo é granular, ou granulado, de modo que o Universo pode ser imaginado como um vasto tabuleiro de xadrez formado por minúsculos quadrados (ou cubos) com apenas um comprimento de Planck de lado.***

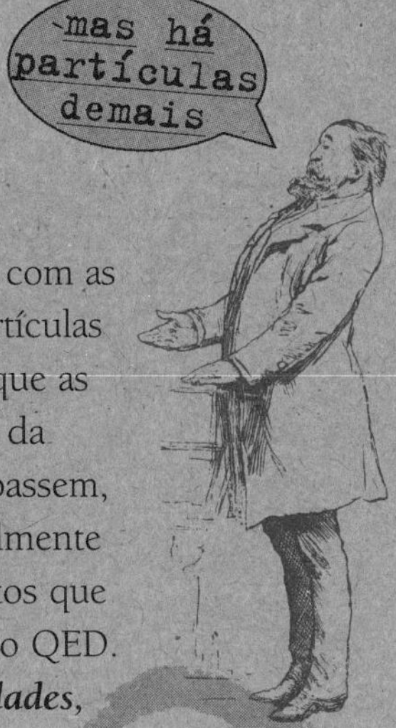

* Mas era muito difícil fazer as propriedades dessas "partículas" casarem com as propriedades das partículas conhecidas – ainda que as versões anel-fechado da teoria de cordas acabassem, de maneira agradavelmente direta, com os infinitos que infestam teorias como QED. ***Entre outras dificuldades, as teorias de cordas pareciam estar prevendo partículas demais – não apenas muitas partículas individuais, mas muitas variedades de partículas.***

A TEORIA DE CORDAS DECOLA

* ***Um problema era particularmente preocupante. Verificou-se que a compactificação só funciona se você começar com um número ímpar de dimensões.*** E dez definitivamente não é um número ímpar. Mas, a despeito das dificuldades, o interesse pela teoria de cordas subitamente decolou em meados da década de 1980, quando se percebeu que um dos enigmas da teoria, que vinha incomodando Schwartz e Green, era na verdade aquilo que eles estavam procurando.

PALAVRA-CHAVE

COMPRIMENTO DE PLANCK: o quantum de distância – a menor distância possível.

Schwartz e Green

O físico norte-americano John Schwartz foi indicado como professor do Caltech em 1989. Também trabalhou em Paris e Londres, e em outras instituições norte-americanas. O físico britânico Michael Green trabalhou em diversas universidades e instituições de pesquisa na Grã-Bretanha e nos Estados Unidos, e no CERN, em Genebra. Em 1993, ele ganhou uma cátedra na Universidade de Cambridge. Foi praticamente graças apenas a Schwartz e Green que a idéia da teoria de cordas foi mantida viva entre as décadas de 1970 e 1980.

PENSANDO NA GRAVIDADE

★ Para entender por que a teoria de cordas acabou tendo tanta importância para os físicos, vamos dar uma outra olhada nas idéias sobre a gravitação. A teoria de Einstein para a gravitação é essencialmente uma teoria "clássica", como a teoria de Maxwell para o eletromagnetismo. Ela descreve interações entre partículas com massa (não necessariamente muita massa) do campo gravitacional, do mesmo modo que as equações de Maxwell descrevem interações entre partículas carregadas do campo eletromagnético.

Reconhecimento demorado

Na década de 1960, ninguém prestou muita atenção às idéias de Feynman sobre a gravidade, mas na década de 1990 seu modo de encarar a gravidade se tornou muito popular e foi bem-sucedido – muito por causa das conexões com a teoria de cordas, que vamos considerar agora.

O PROBLEMA COM OS GRÁVITONS

★ Na QED, a teoria quântica desenvolveu essa idéia para o eletromagnetismo, descrevendo o campo em relação aos quanta – na forma de bósons (ou, mais especificamente, fótons) – que são trocados entre partículas carregadas. *É fácil ver que uma teoria adequada da gravidade quântica faria o mesmo tipo de coisa, descrevendo interações entre partículas com massa em relação à*

Richard Feynman

troca dos quanta apropriados – novamente bósons (nesse caso, grávitons).

* Qualquer teoria quântica da gravidade está fadada a ser mais complicada que a QED, pois as equações nos dizem que ***os grávitons, como os glúons, podem interagir entre si (mesmo tendo massa nula) bem como com partículas com massa.*** Mas, em princípio, poderia ser desenvolvida, e essa foi a rota tradicional trilhada pela maioria das pessoas que tentou encontrar uma teoria quântica da gravidade.

FEYNMAN E A GRAVIDADE

* Houve uma exceção notável. **Richard Feynman**, que havia inventado a eletrodinâmica quântica, ficou intrigado com a gravidade. No início da década de 1960, embora não tivesse conseguido encontrar uma teoria quântica completa da gravitação, ele conseguiu demonstrar matematicamente que ***se você começasse com uma teoria quântica de campos que envolvesse a troca de grávitons, então, no cotidiano, ela seria indistinguível da teoria geral da relatividade.***

Feynman explicou a superfluidez, quando líquidos muito resfriados escoam sem atrito

Richard Feynman (1918-1988)

Possivelmente o maior físico desde Newton (certamente lado a lado com Einstein), Feynman atingiu grande fama com suas memórias, e quando explicou a causa do desastre da Challenger. Muita gente, porém, não tem idéia do grau de suas contribuições à física. Além de desenvolver a QED (trabalho pelo qual ganhou o prêmio Nobel), ele fez contribuições de peso à nossa compreensão das interações fracas, QCD e gravitação, cada uma também merecedora de um prêmio Nobel, e quase como diversão explicou um estranho fenômeno quântico chamado superfluidez (quando líquidos muito resfriados escoam sem atrito). Professor dedicado, ele produziu uma série de livros-texto influentes ainda hoje.

DUAS UNIDADES DE SPIN

* Em meados da década de 1980, Schwartz e Green estavam tentando fazer sua teoria de cordas descrever os férmions e bósons conhecidos. Eles achavam que seria muito difícil incluir a gravitação, de modo que primeiro tentaram fazer as partículas previstas pela sua teoria casarem com coisas como fótons e glúons, quarks e léptons. Mas suas equações continuavam fornecendo um tipo diferente de partícula – com massa zero e spin 2. A ficha acabou caindo. A teoria de cordas estava prevendo a existência de grávitons. E isso significava, de acordo com Feynman, que ela estava prevendo a teoria geral da relatividade. Eles tinham chegado a uma "Teoria de Tudo"!

PALAVRA-CHAVE

SPIN: (giro, em inglês) propriedade quântica que é sutilmente diferente do giro de um pião, ou da Terra, em torno de seus eixos. No mundo quântico, às vezes você tem de girar 360 graus ***duas vezes*** para voltar ao lugar de onde partiu.

VARIAÇÕES SOBRE O TEMA DA CORDA

* Schwartz e Green tinham, na verdade, descoberto que havia apenas alguns candidatos a essa Teoria de Tudo – ***apenas uma determinada família de variações sobre o tema da corda, que funcionava dessa maneira e não tinha infinitos incomodando.***

* No fim da década de 1970, havia muitas variações sobre esse tema. Como não há um modo de testar diretamente essas idéias, por

ocê não tem como testar s equações, então pode onhar com o que quiser

experimentos, poder-se-ia imaginar qualquer coisa permitida pela matemática e ela poderia ser um modo de descrever o mundo real.

Massa zero, spin 2

As propriedades-chave do gráviton são que ele não possui massa, e tem duas unidades de uma propriedade que os físicos quânticos chamam de <u>SPIN</u>. Isso é apenas um daqueles rótulos quânticos com os quais você tem de se acostumar. ***Feynman havia mostrado que se você tivesse grávitons com massa zero e spin 2, então, automaticamente, obteria a teoria geral da relatividade.***

MATEMATICAMENTE CONVINCENTE

* É um pouco o que aconteceria se fosse impossível testar teorias da gravidade observando coisas como as órbitas dos planetas em torno do Sol. Você poderia arriscar que haveria uma lei do inverso do quadrado, ou do inverso do cubo, ou algum outro tipo de lei que poderia ser expressa matematicamente. Mas você não estaria apto a provar qual versão é a certa. E ninguém daria bola para uma teoria assim tão vaga.

* *Assim, quando se percebeu que apenas um tipo de teoria de cordas estava livre de infinitos, foi como se a matemática, não os experimentos, estivesse dizendo que a única teoria verdadeira da gravidade deveria ser do inverso do quadrado. E daí as pessoas começaram a levá-la a sério.*

o gráviton não tem massa alguma, e tem duas unidades de spin

O PODER DA MATEMÁTICA

★ Pode parecer estranho que a matemática sozinha possa ser usada para nos dizer qual tipo de teoria de cordas realmente se aplica ao Universo, sem fazer nenhum experimento. Mas, de fato, a analogia com uma teoria da gravitação baseada numa lei do inverso do cubo realmente funciona nesse nível.

O PRINCÍPIO ANTRÓPICO

De acordo com o princípio antrópico, o próprio fato de existirmos nos diz como é o Universo em grande escala. Por exemplo, formas de vida como a nossa dependem da química do carbono. Assim, o carbono deve ser produzido no Universo. Na década de 1950, Fred Hoyle usou essa necessidade da nossa existência para prever que certas reações nucleares seriam capazes de produzir carbono dentro das estrelas. Experimentos em laboratórios aqui na Terra confirmaram que essas reações são possíveis.

Fred Hoyle

está tudo nas equações

NENHUMA ÓRBITA ESTÁVEL...

★ *Se você tentar descrever (matematicamente) um Universo imaginário no qual a gravidade obedece a uma lei do inverso do cubo, perceberá que não há qualquer órbita estável.*

★ Em nosso Universo, com uma lei do inverso do quadrado, se um planeta como a Terra for atingido por um meteorito e for um pouquinho mais para perto ou para longe do Sol, ele automaticamente acaba se movendo de volta para a sua trajetória. Você não tem de fazer experimentos para descobrir isso – sai das equações.

* Mas as equações também nos dizem que num Universo que obedece a uma lei da gravidade do inverso do cubo, um planeta que fosse um pouquinho mais para perto do Sol, por qualquer razão, continuaria caindo para dentro do Sol. E um planeta que fosse um pouquinho mais para longe, por qualquer razão, continuaria espiralando para fora.

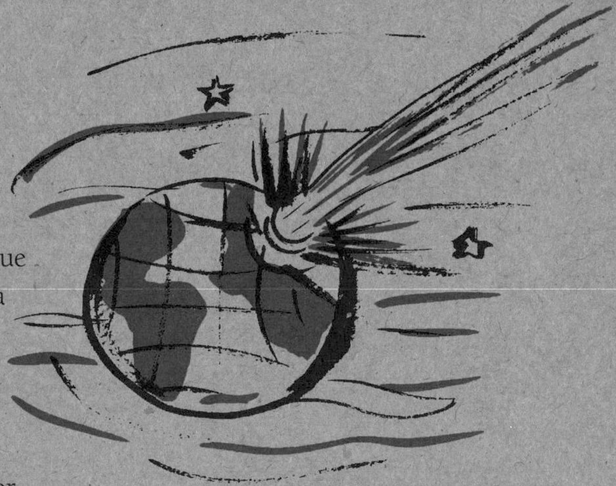

uma lei do inverso do quadrado para a gravidade nos diz que a Terra não pode ser tirada de sua órbita

NENHUM SISTEMA SOLAR...

* Mais sutilmente, se você acompanhar a matemática do espaço-tempo curvo, do modo como Einstein fez em sua teoria geral da relatividade, as equações lhe dirão que uma lei do inverso do quadrado é a lei natural ***somente se há três dimensões espaciais***. Assim, se existisse um Universo com mais ou menos três dimensões, não haveria órbitas planetárias estáveis, nem sistemas planetários como nosso Sistema Solar. E, presumivelmente, nenhuma vida como a conhecemos.

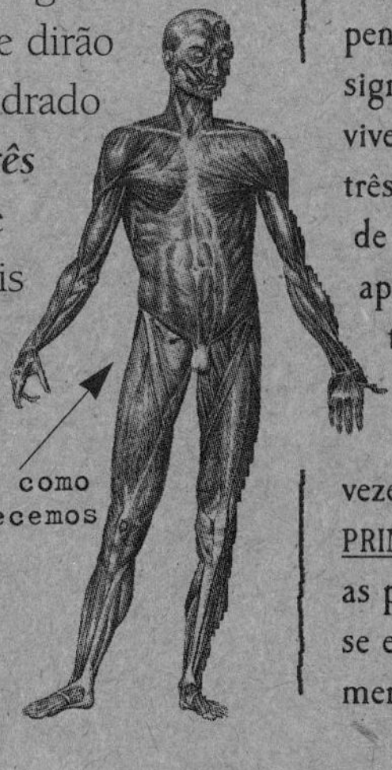

a vida como a conhecemos

...E nenhuma vida na Terra

Algumas pessoas afirmam que é por isso que as dimensões extras do espaço se compactificaram e deixaram apenas três dimensões "visíveis" em grande escala. Outros Universos poderiam existir, mas não haveria ninguém neles para notar. Assim, o próprio fato de estarmos por aqui pensando nessas coisas significa que temos de viver num Universo com três dimensões. Esse tipo de argumento pode ser aplicado a outras características do Universo visível e a outras leis da física. Ele é às vezes chamado de PRINCÍPIO ANTRÓPICO, e as pessoas ainda discutem se ele é mais que uma mera tautologia.

O QUARTETO DE CORDAS DE PRINCETON

*** Uma equipe que seguiu entusiasticamente o grande avanço de Schwartz e Green foi um grupo de quatro matemáticos da Universidade de Princeton. Eles ficaram conhecidos pelos colegas como o Quarteto de Cordas de Princeton – o que lhe dá uma idéia do tipo de piada que diverte os matemáticos.**

Quarteto de Cordas de Princeton

AINDA MAIS DIMENSÕES

A principal contribuição do Quarteto de Cordas de Princeton à teoria de cordas foi escrever as equações que descrevem anéis fechados de corda, usando uma abordagem matemática diferente. Você precisa de um doutorado para compreender a matemática, mas felizmente para nós essa variação sobre o tema corresponde a uma imagem física muito elegante daquilo que está ocorrendo (contanto que você esteja disposto a aceitar mais algumas dimensões extras de espaço).

CORDA HETERÓTICA

* A versão do quarteto para a teoria de cordas tem o nome glorioso de "CORDA HETERÓTICA". O nome vem da raiz grega "hetero" (como em heterossexual), implicando duas diferentes variedades de alguma coisa. *É adequado, porque na teoria de cordas heteróticas o tipo de vibração associado com os férmions requer dez dimensões, ao passo que aquele associado com os bósons requer nada menos que 26 dimensões. As vibrações em dez dimensões percorrem o anel de corda numa direção, enquanto as vibrações em 26 dimensões percorrem-no em outra direção.*

* Não chega a ser surpreendente que as vibrações bosônicas requeiram mais dimensões, porque há uma variedade muito maior de bósons (que vão de fótons a partículas W e Z, glúons e grávitons) que de férmions. É certo que os férmions incluem seis quarks e seis léptons, mas há apenas dois "estilos" básicos para cada um deles.

QUATRO EM VINTE E SEIS

* Acredita-se que as equações que descrevem essa riqueza de partículas implicam que 16 das 26 dimensões se compactificaram em conjunto, fornecendo a estrutura para as vibrações bosônicas. As dez dimensões restantes fornecem a base para as vibrações fermiônicas, com seis delas se compactificando de maneira diferente – restando as quatro dimensões familiares do espaço-tempo.

Espalhadas ao longo da corda

Propriedades como a carga elétrica também são adequadamente descritas pela teoria de cordas heteróticas, e podem ser visualizadas como se estivessem espalhadas por todo o anel de corda.

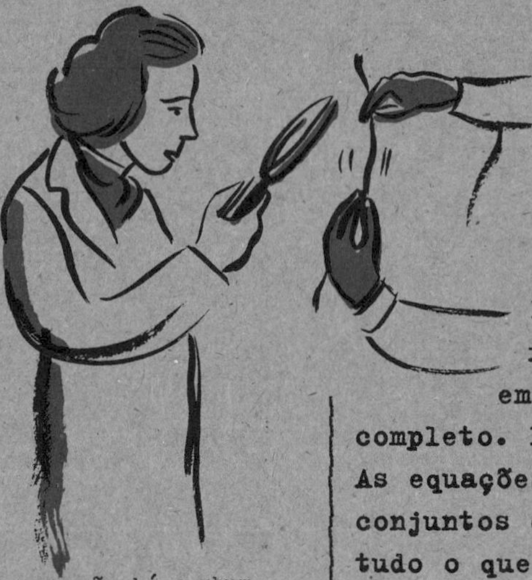

não há nenhum modo de testar a teoria de cordas

Testando as cordas

Como já mencionado, não há qualquer modo atualmente disponível para testar a teoria de cordas de maneira definitiva. Contudo, há um teste que iria um pouco na direção de provar sua validade. ***A maioria das versões da teoria prevê a existência de um outro tipo de partícula Z, além daquela já conhecida. Se os físicos experimentais encontrassem essa partícula, seria uma evidência importante em favor da teoria de cordas.*** Mas se eles não a encontrarem, a questão não estará fechada – já que falta de evidência não é a mesma coisa que evidência da falta.

CENÁRIO DUPLICADO

★ Há uma curiosidade intrigante na teoria de cordas heteróticas. Ela não descreve férmions e bósons em apenas um pacote completo. Ela o faz *duas vezes*. As equações permitem dois conjuntos completos de tudo – tudo o que a física de partículas conhece é descrito por metade das equações, e a outra metade parece descrever outro conjunto completo de partículas e campos.

DOIS DE CADA

★ Alguns teóricos quânticos acham que isso implica que, no nascimento do Universo, no primeiro instante após o big-bang, dois conjuntos completamente independentes de partículas e campos foram criados. Esses mundos duplicados só poderiam ter alguma interação por meio da gravidade. *De acordo com essa imagem, poderia haver outro Universo de estrelas, planetas, e até pessoas, ocupando o mesmo espaço-tempo quadridimensional que o nosso Universo. Este hipotético universo fantasmagórico duplicado é chamado de* "UNIVERSO-SOMBRA".

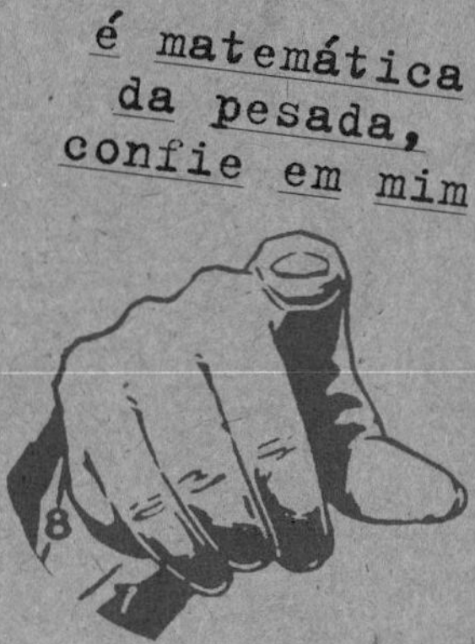

SOMBRAS FURTIVAS

★ A idéia é que haveria partículas-sombra (os equivalentes de quarks, fótons, e tudo o mais) formando as estrelas e planetas-sombra, para sempre invisíveis para nós. Exceto pelo fato de que notaríamos sua atração gravitacional, uma estrela ou planeta-sombra poderia passar direto pela Terra, sem que qualquer um deles fosse afetado. Infelizmente (ou felizmente?), exceto por uma colisão desse tipo entre um objeto-sombra e a gente, não parece haver qualquer maneira de testar a idéia.

UM GRANDE SALTO

Na segunda metade da década de 1990, a despeito de todas as dificuldades, a teoria de cordas deu um grande salto quando os teóricos descobriram uma maneira de se livrar do problema de um número par de dimensões. A sugestão parece óbvia e ululante, quase tola. Mas você tem de se lembrar de que ela é fundamentada por física matemática da pesada. Não é apenas um produto da imaginação.

NO SÉCULO XXI

★ A grande sacada do fim da década de 1990 foi que, em vez de pensar em termos de cordas unidimensionais, devemos acrescentar outra dimensão – de modo a produzir folhas bidimensionais, usualmente referidas como MEMBRANAS.

Membranas ou mágica

Lembra-se de como na teoria de cordas básica (ver p. 140) uma mangueira é tratada como uma folha bidimensional (membrana) enrolada de modo a dar a impressão de uma linha? Na teoria de membranas, embora se esteja lidando com 11 dimensões em um nível e 27 no outro, uma delas é imediatamente enrolada – de modo que a membrana se comporta como uma corda em dez dimensões. O pacote matemático resultante é chamado de TEORIA-M, pois o M serve para membrana, mistério, ou mágica – os especialistas dizem que você pode escolher o nome que quiser!

seria legal ter uma única teoria de cordas

tirando a Teoria-M da cartola

EM FAVOR DA TEORIA-M

★ A razão pela qual as pessoas levam essa idéia a sério é que ainda há, mesmo após o avanço feito por Schwartz e Green na década de 1980, muitas versões diferentes da teoria de cordas básica – e seria bom ter uma única teoria, uma só Teoria de Tudo. *Acontece, contudo, que todas essas variações sobre o tema podem ser expressas através de uma única teoria-M. É parecido com a maneira*

como eletromagnetismo e interações fracas se revelaram diferentes facetas de um único pacote matemático, a teoria eletrofraca.

O FIM NÃO ESTÁ PRÓXIMO

***** *Nesse princípio do século XXI, muitos físicos estão convencidos de que a teoria-M fornece a descrição definitiva do modo como o Universo funciona no nível mais profundo, lá na escala de Planck.* Mas isso não significa o fim da física, porque eles estão apenas começando a perceber como ainda há muito a ser explicado em níveis superiores – quando grandes números de partículas estão envolvidas, todas trabalhando juntas para produzir a complexidade de uma onda arrebentando no oceano, o padrão dos movimentos orbitais no Sistema Solar, a complexidade de uma criatura viva, ou o funcionamento do clima.

FÍSICA
METAFÍSICA

As palavras de ordem, hoje, são caos e complexidade. Elas apresentaram novas áreas de estudo em que ainda há mais questões do que respostas, e que deverão manter os físicos ocupados por muitas décadas. Os tópicos com que a física moderníssima está lidando começaram a ser discutidos há mais de cem anos, mas eles pareciam tão estranhos que foram em grande parte ignorados até o fim do século XX. Então, o conceito de caos foi revivido e tornou-se um ramo importante da física, graças sobretudo à disponibilidade de computadores poderosos, capazes de sondar as implicações da nova ciência.

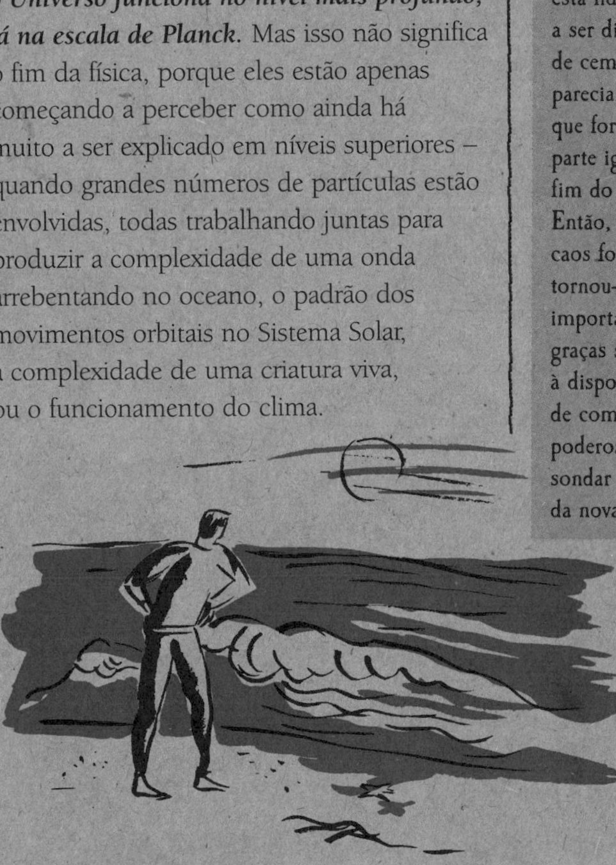

a física tem muito o que explicar sobre as interações de grandes números de partículas

CAPÍTULO 5

DE VOLTA PARA O FUTURO

★ As sementes da física mais moderna foram lançadas em meados da década de 1880, quando um professor de matemática em Estocolmo anunciou uma competição em honra do sexagésimo aniversário do rei da Suécia e Noruega, Oscar II, em 1889. Um prêmio generoso foi oferecido para o melhor trabalho em um dos quatro enigmas específicos, sendo um deles a questão de se o Sistema Solar é ou não estável – um tópico que, em certo sentido, remontava ao trabalho sobre gravitação de Isaac Newton.

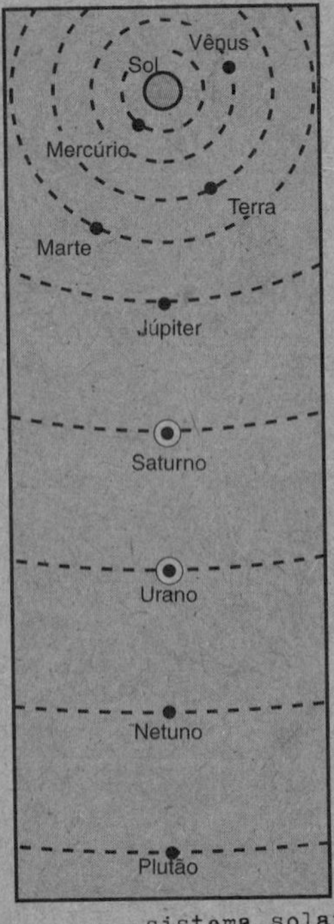

sistema solar

NEWTON E A GRAVIDADE

★ A lei de Newton do inverso do quadrado par a gravidade descreve, de modo perfeito, a órbit de um único planeta em torno de uma única es trela. Ela afirma que a órbita é uma elipse, casan exatamente com as observações realizadas por **Tycho Brahe** e explicadas por **Johannes Kepler** (ver p.7), e com todas as observações realizadas posteriormente. *Mas se você tem dois ou mais planetas orbitando em torno da mesma estrela, eles puxam um ao outro, de modo que suas órbitas não são mais perfeitas elipses keplerianas.*

Isaac Newton

EQUAÇÕES INSOLÚVEIS

★ Usando suas próprias equações para a gravidade e o movimento orbital, Newton não conseguiu encontrar um meio de descrever com precisão as órbitas resultantes. Não porque ele fosse incompetente, ou porque fosse impossível descrevê-las sem computadores. ***As equações simplesmente não podem ser resolvidas.***

★ Uma órbita elíptica pode ser descrita por uma FÓRMULA DETERMINISTA simples – chamada de SOLUÇÃO ANALÍTICA das equações de movimento – que pode ser usada para nos dizer em que ponto de sua órbita um planeta estará em qualquer momento do futuro, e onde estava em qualquer tempo passado. ***Mas se três ou mais objetos estão envolvidos, todos se afetando mutuamente pela gravidade, não há qualquer solução analítica para as equações. Na verdade, não há opção senão realizar laboriosamente o cálculo inteiro, partindo das equações de movimento e da lei da gravitação, em cada caso individual.***

a órbita é uma elipse, observa Tycho Brahe

como podemos resolver o problema de três corpos?

PALAVRAS-CHAVE

FÓRMULA DETERMINISTA: uma equação simples que lhe diz exatamente como algo vai se transformar (por exemplo, a equação de uma elipse lhe diz como um planeta se move em torno do Sol).

SOLUÇÃO ANALÍTICA: outro nome para uma fórmula determinista.

CONQUISTANDO-O PASSO A PASSO

A única maneira de "resolver" o problema de três corpos é passo a passo. Finja que dois corpos não se movem, e calcule a órbita do terceiro. Mova-o, então, um pouquinho ao longo de sua órbita. Agora mantenha-o parado, e também um dos outros, e calcule um pequeno movimento na órbita do que restou. Repita para o terceiro corpo e continue *ad infinitum*. (Isso tudo é feito num computador, claro, não no mundo real).

PREVISIBILIDADE CELESTE

Newton acreditava que Deus tinha o controle do Universo

* O que perturbava Newton era que se um planeta fosse tirado de sua órbita, mesmo que só um pouquinho, pela influência gravitacional de outro planeta, ele poderia não voltar ao seu lugar. Ele temia que a Terra, ou algum outro planeta, poderia um dia começar a espiralar em direção ao Sol, ou às profundezas do espaço. Contudo, ele era um homem profundamente religioso, e consolava a si mesmo (e a seus leitores) sugerindo que Deus haveria de intervir para colocar o planeta de volta à sua órbita correta.

RITMO COMPLICADO

* Na década de 1780, o matemático e astrônomo francês Pierre Laplace observou cuidadosamente o problema que afligira Newton, concentrando-se nas órbitas de Júpiter e Saturno – os dois maiores planetas do Sistema Solar, com a maior influência gravitacional depois do próprio Sol.

* Ele descobriu que a órbita de Júpiter estava se expandindo ligeiramente, ao passo que a de Saturno estava encolhendo. Ele relacionou essas mudanças com a

Deus não será necessário

Quando o trabalho de Laplace foi publicado em forma de livro, Napoleão comentou que não havia qualquer menção a Deus em nenhuma de suas páginas. Ao que Laplace orgulhosamente respondeu: **"Eu não tenho necessidade dessa hipótese".**

Júpiter

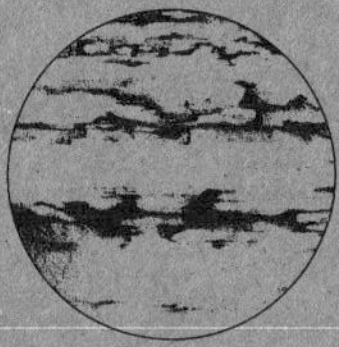

influência gravitacional de um planeta sobre o outro. Isso ocorre num ritmo particular: Saturno faz duas órbitas em torno do Sol enquanto Júpiter faz a jornada cinco vezes, de modo que eles estão próximos um do outro a cada 59 anos, aproximadamente. Usando as leis de Newton, Laplace calculou que a mudança nas órbitas iria se reverter – com a órbita de Júpiter encolhendo e a de Saturno expandindo – depois de cerca de 929 anos, o ciclo iria se repetir a cada 929 anos, aproximadamente.

REGULAR COMO UM RELÓGIO

Saturno

* Laplace ficou tão impressionado com os hábitos de Júpiter e Saturno que escreveu: *"As irregularidades desses dois planetas pareciam antes inexplicáveis pela lei da gravitação universal – elas agora constituem uma de suas mais impressionantes comprovações"*. E foi adiante, mostrando que o mesmo tipo de estabilidade se aplicava, até onde se podia dizer, às órbitas de todos os planetas – de modo que o Sistema Solar inteiro era tão estável e regular quanto um relógio.

Pierre Laplace (1749-1827)

Filho de um magistrado de uma pequena cidade da Normandia, Laplace estudou com os beneditinos num colégio local, depois mudou-se para Caen e de lá para Paris, onde se tornou professor de matemática em 1768. Um dos poucos membros da elite parisiense a ter postos no governo tanto antes quanto depois da Revolução Francesa, foi membro do comitê que introduziu o sistema métrico de pesos e medidas. Laplace serviu no Senado e por pouco tempo foi ministro do Interior, mas votou pela restauração da monarquia em 1814. Isso não lhe deu perspectivas muito boas quando Napoleão retornou ao poder, mas conseguiu sua recompensa quando Luís XVIII tornou-o marquês.

Pierre Laplace

A QUESTÃO DA ESTABILIDADE

★ A razão pela qual a estabilidade do Sistema Solar figurava na competição em honra de Oscar II não era porque os matemáticos achavam que Laplace tinha errado. Muito pelo contrário. Em 1858, Peter Dirichlet tinha desenvolvido um novo método para a solução de equações diferenciais – que, segundo ele, poderia provar que o Sistema Solar é estável. Dirichlet morreu em 1859, e ninguém conseguiu reconstruir seus cálculos. Por isso a questão foi incluída na competição.

o sistema solar é estável?

Peter Dirichlet (1805-1859)

Matemático alemão que se tornou professor em Berlim em 1828, e depois transferiu-se para um posto similar em Göttingen, em 1855. Seu predecessor foi o grande matemático Karl Gauss, e uma de suas mais notáveis contribuições à matemática foi esclarecer o trabalho de Gauss e torná-lo mais acessível. Dirichlet deu grande valor à clareza conceitual em matemática. Apesar de tímido e modesto, ele teve grande influência no desenvolvimento da disciplina.

O AMANHECER DE UMA NOVA ERA

★ O prêmio foi ganho por um matemático francês, **Henri Poincaré**, por um trabalho que não respondia de fato à questão. Mas era, claramente, um novo e profundo avanço na matemática – "de tamanha importância", escreveram os jurados ao rei, "que sua publicação vai inaugurar uma nova era na história da mecânica celeste".

★ ***Poincaré tinha desenvolvido uma nova maneira de olhar para problemas como o do movimento orbital, que não dependia do cálculo da órbita (ou do que quer que lhe estivesse interessando) passo a passo.*** Ele indicou que se qualquer tipo de sistema parte de um determinado estado e faz alguma coisa

complicada, e volta exatamente ao mesmo estado de que partiu, então ele está fadado a repetir todo o seu complicado padrão de comportamento.

COMPORTAMENTO CÍCLICO

* Considere o caso (muito simples) de um planeta orbitando em torno do Sol. Se você notar que num ponto determinado de sua órbita o planeta está se movendo em certa direção e com certa velocidade, e mais tarde você vir o mesmo planeta, no mesmo lugar, viajando na mesma direção e com a mesma velocidade, então você pode estar certo de que ele tem de estar numa órbita que se repetirá indefinidamente. ***Poincaré percebeu que não há, portanto, qualquer necessidade de calcular cada passo de seu movimento orbital, ou mesmo de descobrir o que ele faz no resto de sua órbita.*** Você sabe que seja lá o que ele tenha feito, ele voltou exatamente ao lugar de onde partiu.

Poincaré encontrou um novo modo de olhar para as complexidades do Sistema Solar

PALAVRA-CHAVE

EQUAÇÃO DIFERENCIAL: equação que descreve como uma coisa afeta a taxa de transformação (em geral num período de tempo).

Henri Poincaré

Henri Poincaré (1854-1912)

Poincaré formou-se engenheiro de minas, mas sempre se interessou profundamente por matemática e, em 1881, tornou-se assistente na Faculdade de Ciências da Universidade de Paris, onde permaneceu o resto de sua carreira. Ele deu muitas contribuições a diversas áreas da ciência, incluindo a compreensão da teoria de probabilidades e as órbitas planetárias. Na década de 1890, quando Einstein ainda estava na escola, Poincaré meditou e escreveu sobre as implicações do movimento relativo. Ainda em 1900, ele já havia apontado que as equações de Maxwell exigem que nada possa se mover mais rápido que a luz, mas nunca levou isso até o fim, numa teoria completa da relatividade.

ESPERANDO PARA SEMPRE

★ Em uma caixa dividida em dois, com gás numa metade e espaço vazio na outra, quando a divisão é retirada, o gás se espalha e preenche a caixa. Você nunca vê todo o gás se concentrando numa extremidade. Mas Poincaré argumentou que se pudesse esperar o tempo suficiente, você poderia ver isso acontecer, porque os átomos batendo nas paredes da caixa devem acabar passando por todos os estados permitidos pelas leis da física – incluindo um estado em que todo o gás está numa extremidade da caixa.

MAIS ZEROS QUE ESTRELAS

★ *As palavras-chave aqui são "o tempo suficiente" e "acabar".* Uma pequena caixa de gás pode conter 10^{22} átomos (1 seguido por 22 zeros, ou 10.000 bilhões de bilhões de átomos), e há muitas maneiras diferentes de arranjar tantos átomos. O tempo que demoraria para tantas partículas passarem por todo estado possível é muito maior que a idade do Universo. ***Tempos típicos de ciclos de Poincaré têm mais zeros depois do 1 do que as estrelas de todas as galáxias conhecidas do Universo, em conjunto – números tão grandes que pouco importa se você está contando em segundos, horas, ou mesmo anos.***

★ ***Poincaré tinha encontrado a chave para o caos, mas ninguém a utilizou para abrir a porta.*** Todas as ferramentas matemáticas necessárias para desenvolver a teoria do caos estavam nas mãos dos cientistas, no início do século XX, mas eles nada fizeram por cerca de meio século. ***Isso acabou sendo um dos maiores descuidos da ciência.***

CHANCES IMPROVÁVEIS

Invertendo os números de Poincaré, tem-se a chance de qualquer estado particular ocorrer num dado segundo, hora, ou ano, enfim, enquanto você estiver observando a caixa. A questão é que há bilhões e bilhões de estados correspondentes ao gás preenchendo a caixa inteira, de modo que é muito provável que você veja isso. Por outro lado, há esmagadoramente menos estados correspondentes à caixa com gás pela metade, de modo que é muito difícil que você presencie tal fenômeno.

observe as órbitas

O PROBLEMA DE TRÊS CORPOS

*** Se você tem dois corpos (planetas, por exemplo) com massas iguais, sozinhos no espaço, eles irão orbitar um em torno do outro em órbitas elípticas exatamente previsíveis. Agora aumente esse quadro, acrescentando uma única partícula minúscula de poeira, tão pequena que sua influência gravitacional sobre os dois planetas pode ser ignorada. Qual é a órbita que essa partícula de poeira segue em torno dos dois objetos maiores?**

Poincaré e a dinâmica orbital

Poincaré pensava que sua abordagem poderia ser usada, matematicamente de maneira muito mais rigorosa, para provar a estabilidade do Sistema Solar. Mas ele estava errado. Não surpreendentemente, talvez, pois mesmo a versão mais simples do clássico "problema de três corpos" mostra como a dinâmica orbital é complicada.

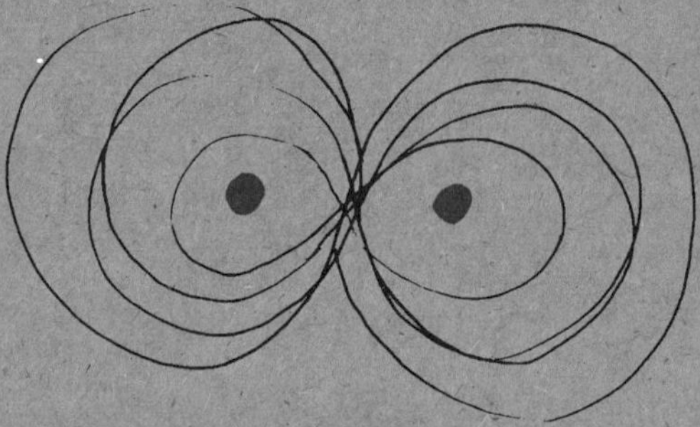

a órbita da partícula minúscula em torno das partículas grandes é completamente aleatória

CÁLCULOS INTERMINÁVEIS

* Não há nenhuma resposta simples para essa questão, a não ser que a partícula de poeira esteja longe o suficiente dos dois planetas para que ela possa ser capaz de orbitar em torno do par. De outro modo, às vezes ela segue uma complicada trajetória entrelaçada, como um carretel de linha, em

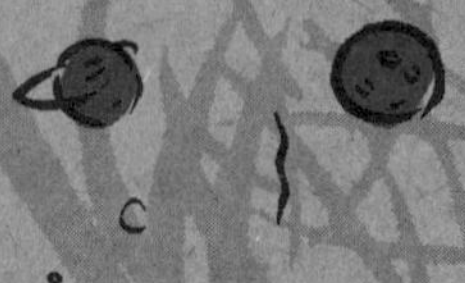

torno de um dos objetos. Depois, em outros momentos, cruza e passa a orbitar do mesmo modo complicado em torno do outro planeta. E às vezes ela segue um confuso padrão em forma de oito, orbitando cada um dos planetas sucessivamente.

* A única maneira de calcular a trajetória da órbita é traçá-la passo a passo, usando um computador (ou, muito mais laboriosamente, lápis e papel). A cada instante, você pode calcular todas as forças envolvidas e ver como a partícula de poeira vai se mover um pouquinho. *Mas todas as forças mudam imediatamente como resultado, pois a partícula de poeira está agora numa posição diferente em relação aos dois planetas (que também se moveram ao longo de suas próprias órbitas). Portanto, você tem de calcular todas as forças de novo, e trabalhar o próximo passo.*

SEM VOLTA AO PONTO INICIAL

A questão crucial sobre o problema de três corpos é que você ***nunca*** volta ao ponto em que a partícula está se movendo na mesma direção e com a mesma velocidade que antes, com os dois planetas também em suas posições originais, movendo-se com as mesmas velocidades e nas mesmas direções anteriores. ***A órbita não se repete – e não há nenhuma fórmula simples para descrevê-la, como aquela que descreve uma elipse.***

Mudanças minúsculas podem fazer grandes diferenças

A forma final da órbita da partícula de poeira no problema de três corpos depende de onde ela partiu, e com que velocidade. Se você fizesse uma minúscula mudança na velocidade ou na direção da Terra pelo espaço, ela ainda seguiria praticamente a mesma órbita – porque seu movimento é quase inteiramente dominado pela gravidade do Sol. ***Mas se você der à partícula de poeira um pequeno empurrãozinho, alterando sua velocidade ou direção, por menor que seja, em alguns pontos de sua órbita isso pode fazê-la entrar numa outra órbita entrelaçada completamente diferente, ainda que igualmente complicada.***

COMETAS E TEORIA DO CAOS

*** Há, de fato, coisas em nosso Sistema Solar que se comportam de modo bem semelhante ao da partícula de poeira no problema de três corpos. São objetos pequenos, como a partícula de poeira no problema – coisas como cometas e asteróides, muito menores que os planetas.**

UM EMPURRÃOZINHO CRÍTICO

* Cometas são, basicamente, pedaços de material gelado, com poucos ou dezenas de quilômetros de extensão. Muitas dessas pedras geladas podem ser vistas no que parecem órbitas estáveis, na parte exterior do Sistema Solar, perto do planeta gigante Júpiter. Mas cálculos no

os cometas são muito sensíveis à influência gravitacional dos planetas

o Sol é o corpo dominante no Sistema Solar

computador nos dizem que um pequeno empurrãozinho em certos pontos de suas órbitas poderia colocar objetos como cometas em trajetórias completamente diferentes, possivelmente raspando na Terra e indo em direção ao Sol. E de vez em quando, exatamente esse empurrãozinho é dado pela gravidade de Júpiter, de Saturno, ou de alguma outra coisa. ★ *O que importa é que essas órbitas são extremamente sensíveis a pequenas mudanças, se essas mudanças acontecem em determinados momentos. E essa "sensibilidade às condições iniciais" é a grande questão da* TEORIA DO CAOS.

PALAVRA-CHAVE

CAOS: termo usado para descrever o comportamento de sistemas muito sensíveis às condições iniciais. Uma pequena mudança nas condições de partida faz grande diferença sobre aonde se chega. Os sistemas caóticos são essencialmente imprevisíveis, porque você nunca consegue especificar as condições de partida de forma precisa.

Influências planetárias

No Sistema Solar, o Sol é tão maior do que qualquer um dos planetas que sua gravidade domina, e é de longe o fator mais importante na decisão de quais órbitas os planetas vão seguir. Mas esse não é o único fator. Os próprios planetas têm efeitos uns sobre os outros.

nem encostei nisso!

há fatores, além do Sol, que afetam as órbitas planetárias no Sistema Solar

DE GOTAS DE CHUVA A CASCATAS

★ É fácil perceber como uma minúscula diferença inicial pode ter grande influência em como ou onde você termina. Pense numa gota de chuva caindo numa alta cordilheira, como as Montanhas Rochosas da América do Norte. A chuva que cai de um lado das montanhas vai fluir para o oeste e acabará no Pacífico, ao passo que a chuva caindo do outro lado provavelmente vai acabar no Atlântico ou no Golfo do México.

O IMPACTO DAS CONDIÇÕES INICIAIS

"Uma pequena causa que escapa de nossa vista determina um efeito considerável, que não podemos deixar de notar, e então dizemos que o efeito é devido ao acaso. Se nós soubéssemos exatamente as leis da natureza e a situação do Universo no momento inicial, poderíamos prever exatamente a situação desse mesmo Universo num instante posterior. Mesmo que as leis naturais não guardassem mais nenhum segredo para nós, ainda assim poderíamos conhecer a situação inicial apenas aproximadamente. Se isso nos permitisse prever a situação posterior com a mesma aproximação, e é o que precisaríamos, poderíamos dizer que o fenômeno foi previsto, que ele é regido por leis. Mas não é sempre assim; ***pode acontecer que pequenas diferenças nas condições iniciais produzam diferenças muito grandes no fenômeno final. Um pequeno erro nas primeiras produzirá um erro enorme no último. A previsão torna-se impossível, e temos o fenômeno fortuito.***"

Henri Poincaré.

PONTO CRÍTICO

* Em algum lugar no alto das montanhas deve haver um ponto ou uma linha em que uma minúscula diferença (talvez apenas um milímetro) na posição em que a gota de chuva cai vai fazer uma diferença de milhares de quilômetros em sua posição final.

* Pode não importar para a gota qual é o oceano em que ela vai terminar, mas certamente importa para nós. ***E às vezes uma tal diferença inicial minúscula pode disparar uma cascata de eventos com conseqüências dramáticas.***

CADEIAS DE EVENTOS

* Efeitos-dominó desse tipo dificilmente são novos na experiência humana. De fato, há uns antigos versinhos que vão precisamente ao ponto:

> Por falta de um prego, uma ferradura se perdeu;
> Por falta de uma ferradura, um cavalo se perdeu;
> Por falta de um cavalo, um cavaleiro se perdeu;
> Por falta de um cavaleiro, uma batalha se perdeu;
> Por falta de uma batalha, o reino se perdeu.

O que é novidade é a percepção de que esse tipo de magnificação de pequenos eventos, culminando em influências importantes, aplica-se ao mundo da ciência. E este tipo de fenômeno pode ser descrito, pela matemática, de maneira científica. O caos pode não ser previsível, mas é científico.

"Pode acontecer que pequenas diferenças nas condições iniciais produzam diferenças muito grandes no fenômeno final. Um pequeno erro nas primeiras produzirá um erro enorme no último. A previsão torna-se impossível, e temos o fenômeno fortuito."

HENRI POINCARÉ

CONDIÇÕES IMPRECISAS

★ Não teria importância os sistemas serem às vezes sensíveis às condições iniciais, se você sempre pudesse especificar essas condições iniciais com total precisão. Mas mesmo sem contar a questão da incerteza quântica, às vezes é impossível especificar mesmo uma coisa simples como a posição de um objeto com precisão completa.

NÚMEROS RACIONAIS

★ Suponha que você esteja apenas tentando especificar a posição de um objeto num dado ponto de uma linha, sem se preocupar com sua posição no espaço tridimensional. Chame uma extremidade da linha de "0" e a outra de "1", e divida-a nas unidades que preferir usar. É fácil então especificar a posição de *alguns* pontos na linha, usando frações como $^{1}/_{2}$, ou $^{3}/_{7}$, ou mesmo $^{2573}/_{6937}$.

★ Essas frações são razões de um número para outro,

NADA INCERTO

"Considere uma inteligência que, num dado momento, conheça todas as forças que animam a natureza, bem como as posições momentâneas de todas as coisas de que consiste o Universo, e que ainda seja suficientemente poderosa para realizar um cálculo baseado nesses dados. Ela deveria então incluir na mesma formulação os movimentos dos maiores corpos do Universo e aqueles dos menores átomos. Para ela, nada seria incerto. Tanto o futuro quanto o passado seriam o presente diante de seus olhos."

Pierre Laplace

o motivo pelo qual elas são chamadas de números "racionais". Você pode encontrar um número racional tão próximo quanto queira de qualquer ponto na linha – até os antigos gregos sabiam disso.

NÚMEROS IRRACIONAIS

★ Mas há pontos na linha que jamais podem ser indicados precisamente por qualquer fração que seja uma razão de dois números comuns. Esses pontos correspondem aos números irracionais, que são expressos como uma sucessão infinitamente longa de dígitos após a vírgula decimal, sem qualquer seqüência repetitiva. A palavra "irracional" não significa que eles sejam ilógicos – eles simplesmente não são razões. *A falta de um padrão repetitivo nesses números é muito similar à maneira como a órbita da partícula de poeira no problema de três corpos jamais se repete.*

epresentar um número irracional com precisão está além da capacidade de qualquer computador

Pedindo demais

Se a posição que você precisa especificar na linha corresponder a um número irracional, então, para representá-lo, você precisaria de uma expressão decimal com um número infinito de dígitos. Isto iria requerer uma quantidade ***infinita*** de informação – de modo que nenhum computador, ou inteligência do tipo vislumbrado por Laplace, poderia calculá-lo precisamente. ***É aqui que a visão de Laplace de um Universo perfeitamente previsível cai por terra. O único computador suficientemente poderoso para descrever o comportamento do Universo inteiro seria o próprio Universo.***

CAPÍTULO 6

A FÍSICA DO AMANHÃ

★ A primeira pessoa a notar o caos em funcionamento num contexto prático não foi um físico, mas um meteorologista norte-americano, Edward Lorenz. **De repente, ele foi confrontado com os efeitos do caos, enquanto estava trabalhando com um dos primeiros computadores utilizados para tentar resolver os problemas da previsão do tempo, no início da década de 1960.**

os computadores da década de 1960 eram bem primitivos

Ciência no século XX

Os cientistas não voltaram sua atenção mais cedo a fenômenos como o caos porque estavam ocupados, procurando resolver todas as coisas que podiam resolver, com a abordagem newtoniana da ciência. Eles conseguiram tanto, tão rapidamente, concentrando-se em equações passíveis de solução analítica, que não havia incentivo para enfrentar a situação muito mais confusa das equações que eles não podiam resolver analiticamente – até que a importância de tais situações ficou evidente na segunda metade do século XX.

PREVENDO O TEMPO

★ A idéia por trás desse tipo de previsão do tempo é que as leis da física, que governam o modo como os ventos se movem em torno do globo, e como a temperatura se altera, e assim por diante, podem ser descritas por conjuntos de equações que podem ser resolvidos com um computador. As simulações de computador são alimentadas com números correspondentes a coisas como temperatura e pressão atmosférica em diferentes pontos – possivelmente numa

uma pequenina diferença inicial
fará grande diferença no final

grade com pontos separados por 100 km sobre a superfície da Terra, e em intervalos de 100 km ao longo da atmosfera. Daí você insere os números nas equações e roda o computador, para calcular como o tempo vai se alterar.

PREVISÃO SURPRESA

* Um dia, Lorenz decidiu continuar uma rodada prévia. Para economizar tempo, ele começou na metade da rodada velha, digitando os números correspondentes ao tempo a partir das impressões da primeira rodada. Ele achou que o computador iria duplicar a segunda metade da rodada, e daí seguir adiante. Mas, para sua surpresa, ele não o fez. ***Em vez disso, o tempo previsto gradualmente divergiu da rodada anterior, até que não havia mais qualquer semelhança entre as duas previsões.***

a previsão do computador podia mudar drasticamente com apenas diferenças minúsculas nos dados iniciais

ALIMENTANDO COM DADOS

O computador que Lorenz utilizava, em 1961, era muito mais primitivo que os modernos supercomputadores, e ele não estava tentando prever o tempo real, mas apenas olhando como o computador resolvia algumas das equações mais simples que seriam necessárias em previsões reais. Parecia funcionar. Quando o computador era alimentado com números concretos, apareciam "previsões" plausíveis de coisas como a temperatura. Você podia inicializar a máquina de modo adequado, e obter números correspondentes a coisas como a variação diária da temperatura semanas à frente – tão longe quanto desejasse. Ao menos era assim que todo mundo imaginava.

O EFEITO BORBOLETA

★ A descoberta de Lorenz de que sistemas de previsão do tempo são afetados pelo caos explica por que, atualmente, previsões acuradas estão limitadas a alguns dias à frente (no máximo uma semana ou duas), e *jamais* serão melhores que isso. Por mais moderno que seja seu computador, os efeitos do caos depois desse tempo, aproximadamente, começam a aparecer.

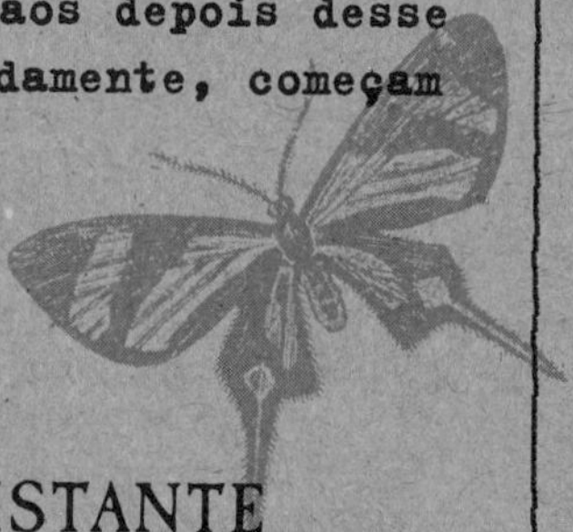

AGITAÇÃO DISTANTE

★ Os metereologistas podem confirmar isso alimentando seus computadores com números ligeiramente diferentes, e rodando uma nova previsão. Para os primeiros dias, as previsões serão quase idênticas, mas após uma semana serão muito diferentes (a não ser que o tempo calhe de estar num padrão estável incomum). Não importa quão precisas sejam as equações, nem quão bons sejam os dados com que você as alimenta, porque, depois de uma semana, efeitos minúsculos, muito pequenos para que possamos percebê-los, podem exercer uma influência significativa nos resultados. Lorenz deu a isto o nome de "O EFEITO BORBOLETA". *Ele imaginou que uma borboleta agitando*

A descoberta do caos

A razão pela qual o computador de Lorenz apresentou uma previsão tão divergente foi que ele havia arredondado um dos números que digitara. Os números usados no computador eram mantidos com seis casas decimais – nesse caso, 0,506127. Quando começou a segunda rodada, Lorenz omitiu os três últimos dígitos e digitou 0,506. ***Essa pequena diferença foi suficiente para alterar drasticamente a previsão que a máquina forneceu.***

os números simplesmente não batem!

suas asas em uma floresta do Brasil seria capaz de estabelecer pequenos redemoinhos na atmosfera, que poderiam alterar o tempo em Londres, meses depois.

IGNORAR AS EQUAÇÕES

Na física tradicional, a equação é a rainha. Você começa com equações (como as leis de Newton para o movimento) e as utiliza para calcular as coisas. A equação é tudo de que você precisa. Mas o caos é diferente. James Yorke disse que "às vezes se consegue escrever as equações de movimento e às vezes não. Nosso método é ignorar as equações".

CAOS BATIZADO

* Uma razão pela qual a descoberta de Lorenz não alterou imediatamente o curso da ciência foi ela ter sido publicada no *Journal of Atmospheric Sciences*. Os meteorologistas que a leram parecem não ter percebido que ela tinha um significado universal – e os físicos e matemáticos que poderiam ter vislumbrado a importância da descoberta não liam revistas sobre o tempo. ***A pessoa que deu nome ao caos foi, de fato, um matemático,*** James Yorke, ***que se deparou com o artigo de Lorenz no início da década de 1970, e percebeu que ele dava uma base física a toda uma série de coisas com que os matemáticos tinham mexido na década de 1960.***

é um sinal realmente fraco, mas acho que pode ser importante

SINTONIZANDO NO CAOS

★ Quando Yorke e outros matemáticos divulgaram a descoberta de Lorenz, os físicos começaram a ver que o caos estava em todos os lugares, e que, concentrando seus esforços em coisas regulares (como órbitas planetárias), eles estavam, há séculos, perdendo algo crucial. Desde Newton, os físicos tinham se preparado para buscar ordem na natureza – e para desprezar a desordem, como se fosse um tipo de ruído indesejável, como as distorções que você ouve quando sintoniza uma estação de rádio com sinal fraco. Agora eles começavam a perceber que o ruído poderia ser mais importante que o sinal.

caos faça-você-mesmo

Igual a Lorenz

Por falar nisso, se você usar o mesmo número inicial na sua calculadora e no seu computador, ou outra calculadora, não fique surpreso se terminar com duas seqüências de números diferentes. Isso ocorre porque as máquinas podem arredondar os números de maneiras levemente diferentes – ***como no processo de arredondamento que levou Lorenz a descobrir o caos.***

CAOS FAÇA-VOCÊ-MESMO

★ Você pode ver, matematicamente, o caos em funcionamento, usando uma calculadora de bolso, ou programando seu computador para fazer o trabalho braçal em seu lugar. Comece com uma expressão matemática

fazer o mesmo cálculo em computadores diferentes vai dar respostas diferentes

simples: $(2x^2 - 1)$. Você pode achar um valor para essa expressão, para qualquer número que escolher (x), elevando-o ao quadrado, dobrando o resultado, e daí subtraindo 1.

* Agora faça o mesmo com o número que resultou, e repita o processo todo muitas vezes (isso é chamado de ITERAÇÃO). Você poderia esperar que, se começasse com dois números muito similares, após algumas iterações você terminaria com dois números similares. Mas não termina.

* Tente com 0,51234 e anote cada número que você obtém em cada passo da iteração. Agora tente outra vez, começando com 0,51235, novamente anotando os números a cada passo da iteração. ***Depois de cerca de 50 iterações, as duas seqüências de números estarão completamente diferentes. Isso é o caos. Uma fórmula determinista simples conduz a lugares muito diferentes, a partir de condições de partida muito similares.***

ITERAÇÃO

É um processo matemático que se repete em círculos: começa com algum dado inicial (usualmente apenas um número), realiza a partir daí uma série de manipulações matemáticas, e resulta num dado de saída (outro número) que é usado como o dado inicial da próxima volta do ciclo.

iteração é um processo que fica se repetindo em círculos

CAOS EM AÇÃO

* Você pode ver o caos em ação, fisicamente, em brinquedos planejados com base no princípio do pêndulo duplo. Um pêndulo duplo consiste, essencialmente, em duas hastes iguais articuladas por uma dobradiça. O pêndulo duplo é posto em movimento por um motor que lhe dá um pequeno empurrãozinho de tempos em tempos, ou com um peteleco com seu dedo. Dependendo de como exatamente ele é empurrado, o pêndulo se comporta de maneiras muito diferentes.

o pêndulo de Galileu

O que é o caos?

Para um cientista, caos não é aquele tipo de situação confusa e incompreensível, que a palavra significa para muita gente. Em vez disso, é um tipo especial de comportamento confuso que resulta de leis físicas completamente previsíveis, como aquelas formuladas por Newton. ***É comportamento imprevisível que obedece a leis previsíveis.***

DIFERENÇAS IMPERCEPTÍVEIS

* Algumas vezes, ele balança como uma peça só, como um pêndulo de relógio. Às vezes, a parte de baixo balança freneticamente para a frente e para trás, enquanto a parte de cima mal

se movimenta. E, outras vezes, a parte de baixo mal se movimenta, bem como a de cima, mas a junção na parte do meio balança freneticamente para a frente e para trás. O pêndulo parece passar de um tipo de oscilação para outro sem razão alguma, embora tenha recebido empurrõezinhos aparentemente idênticos.

✱ ***O ponto crucial é que os empurrõezinhos são ligeiramente diferentes uns dos outros, e mesmo que essas diferenças sejam muito pequenas para serem notadas, elas fazem uma diferença bem visível no comportamento do pêndulo. Essa é uma forma de caos.***

✱ O mesmo pêndulo também vai passar por todo o seu repertório de giros conforme vai ficando mais lento, porque, embora sua velocidade só esteja mudando gradualmente conforme ele pára, em alguns pontos uma pequena alteração na velocidade vai colocá-lo num padrão diferente de oscilações.

a evolução e tudo o mais vivem a fronteira do caos

o caos pode ser encontrado em todo o mundo natural

PALAVRA-CHAVE

CRITICALIDADE AUTO-ORGANIZADA: o modo como aparecem padrões num sistema, logo antes de ele mergulhar no caos.

CAOS, COMPLEXIDADE E VIDA

As implicações mais dramáticas do caos só estão começando a ser investigadas à medida que entramos no novo milênio. Elas relacionam todas essas idéias ao surgimento da complexidade no Universo, e ao mistério da vida e da evolução. ***A nova descoberta-chave é que as coisas complexas estão "na fronteira do caos", no limite entre estabilidade e comportamento caótico.*** A analogia mais elegante para se demonstrar isso foi formulada por PER BAK, físico dinamarquês que descreve os sistemas complexos como estando num estado de "CRITICALIDADE AUTO-ORGANIZADA".

CRITICALIDADE AUTO-ORGANIZADA

★ Tudo do que você precisa para demonstrar a criticalidade auto-organizada é de uma bandeja com areia. Se a areia estiver espalhada por toda a bandeja, ela fica numa situação estável - e entediante. Nada interessante acontece com ela. Mas se você despejar os grãos de areia no meio da bandeja, um a um, ou num fluxo lento eles formarão uma pilha.

FENÔMENOS INDEPENDENTES DA ESCALA

Terremotos, grandes ou pequenos, são gerados pelo mesmo processo, como as avalanches produzidas pelo acréscimo de grãos a uma pilha de areia. Não há nada de especial a respeito de terremotos grandes, exceto seu tamanho. Isso é uma boa-nova para os físicos, pois significa que só é preciso uma teoria para descrever todos os tipos de terremotos, ***quaisquer que sejam seus tamanhos.*** Outra maneira de descrever esse tipo de fenômeno é dizer que ele é "INDEPENDENTE DA ESCALA".

CRESCIMENTO DRAMÁTICO

★ A princípio, a pilha será tão estável e quase tão entediante quanto o resto da areia. Mas, num ponto crítico, pequenos deslizamentos e avalanches começam a ocorrer na crescente pilha de areia. Você atinge um estágio em que a adição de um único grão de areia dispara um monte de avalanches, remodelando a pilha como uma estrutura complicada e interessante. Então, conforme você continua adicionando areia, ela vai crescer novamente, antes de colapsar da

mesma maneira dramática. *Mas, mesmo quando a pilha de areia está na fronteira de estabilidade, ela nunca colapsa completamente – adicionar aquele grão extra apenas dispara uma avalanche pequena ou média. É impossível prever antecipadamente qual tipo de avalanche ocorrerá em seguida.*

PALAVRA-CHAVE

FENÔMENOS INDEPENDENTES DA ESCALA:
coisas que são as mesmas, exceto por seu tamanho, são independentes da escala (uma árvore *bonsai* é uma árvore, ainda que seja pequena).

FREQÜÊNCIA E TAMANHO

★ *A pilha de areia em colapso é um exemplo de um tipo de padrão muito comum na natureza – em que eventos similares podem ocorrer em muitas escalas diferentes, mas eventos maiores são menos comuns que eventos menores. Não apenas menos comuns, mas menos comuns de um modo muito preciso.*

um terremoto é a mesma coisa que a pilha de areia em colapso, só maior

★ A freqüência de um evento de certo tamanho é inversamente proporcional ao seu tamanho – ou, colocando ao contrário, o tamanho de um evento é inversamente proporcional à sua freqüência (f). Isto é, portanto, conhecido como **ruído 1/*f***. O ruído 1/*f* aparece em todos os lugares, em avalanches, terremotos, congestionamentos de trânsito, e até mesmo na evolução.

Puro ruído 1/*f*

Um exemplo notável do ruído 1/*f* em funcionamento no mundo real é a ocorrência de terremotos de diferentes tamanhos. Na escala Richter, um evento de magnitude 5 é dez vezes maior que um evento de magnitude 4, um evento de magnitude 6 é ainda dez vezes maior (e cem vezes maior que um de magnitude 4), e assim por diante. Verifica-se que para cada 1.000 terremotos de magnitude 4 na escala Richter há 100 com magnitude 5, 10 com magnitude 6, e assim por diante. Isso é puro ruído 1/*f*.

EQUILÍBRIO PONTUADO

* Algumas das aplicações mais excitantes dessas idéias envolvem a própria vida. A teoria de Charles Darwin, da evolução por seleção natural, descreve um processo gradual, com pequeninas diferenças se acumulando de uma geração para a próxima. Mas alguns biólogos evolucionistas – sobretudo os norte-americanos Niles Eldridge e Steven Jay Gould – argumentam que o registro fóssil parece mostrar longos períodos com poucas mudanças ocorrendo, alternando-se com curtos intervalos em que uma série de mudanças evolutivas acontecem. Isto é conhecido como EQUILÍBRIO PONTUADO.

FORNECENDO ENERGIA

Como acabamos de ver, uma pilha de areia pode se tornar uma estrutura complicada e interessante, na fronteira do caos. Ainda assim, cada grão de areia individual cai automaticamente no lugar, em obediência às leis da gravidade e do atrito. Um conjunto muito simples de regras físicas produz um padrão relativamente complicado. Há, e isto é crucial, um outro ingrediente vital. Nós colocamos a areia pelo exterior. ***Isto corresponde a um fluxo de energia através do sistema. O que Bak e alguns outros físicos estão dizendo é que leis simples, fornecendo um fluxo de energia, podem produzir sistemas muito complicados, sem qualquer outra interferência.***

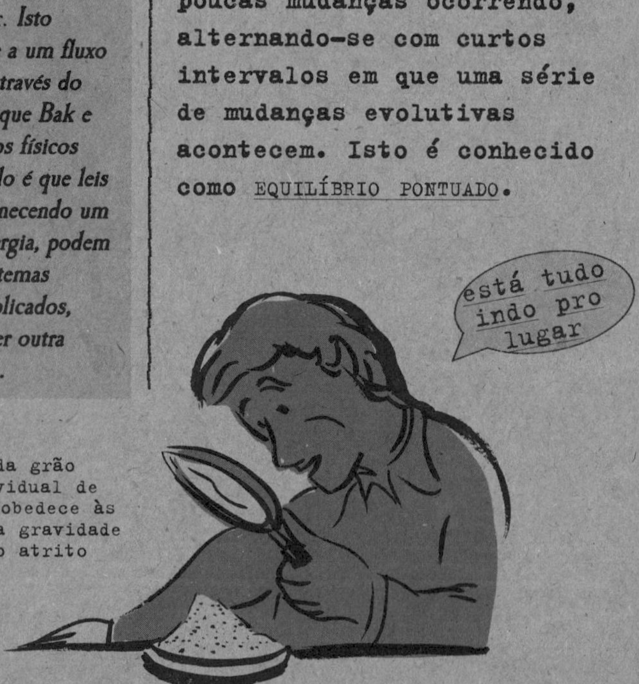

cada grão individual de areia obedece às leis da gravidade e do atrito

A VISÃO DE DARWIN SOBRE A EVOLUÇÃO

* De acordo com Darwin, a evolução por seleção natural ocorre por causa de duas coisas. Primeiro, a informação genética é transmitida de modo ligeiramente imperfeito, de uma geração para a próxima – de modo que a prole de plantas e animais lembra, mas não é exatamente a mesma coisa que seus pais. Segundo, há competição dentro de qualquer população por coisas como comida ou uma oportunidade de acasalamento, de modo que os indivíduos mais "adaptados" a seu ambiente são mais bem-sucedidos e transmitem mais cópias de seus genes para gerações posteriores. Quanto mais cópias de seus genes você transmite, mais bem-sucedido você é em termos evolutivos.

* A teoria de Darwin funciona maravilhosamente para explicar como os organismos se tornam progressivamente melhores em sua habilidade de lidar com o tipo de ambiente em que vivem (o que inclui o modo como eles coexistem ou competem com outras coisas vivas). *Porém, é mais difícil ver como a teoria de Darwin, por si só, pode dar conta das dramáticas mudanças que ocorrem de tempos em tempos, quando muitas espécies desaparecem e novas se desenvolvem (equilíbrio pontuado).*

a evidência está no registro fóssil

Darwin

Algo extra?

O equilíbrio pontuado não significa que Darwin estava errado. Mas se o que estamos vendo no registro fóssil é um retrato preciso do que realmente aconteceu, significa que algo mais tem de ser acrescentado à teoria de Darwin. ***Esse algo mais pode ser o que vemos numa pilha de areia em crescimento, ou no registro histórico dos terremotos – a fronteira do caos.***

PALAVRA-CHAVE

EQUILÍBRIO PONTUADO:
quando algo permanece igual por um longo tempo, daí sofre uma mudança repentina, antes de voltar a uma situação de estabilidade.

O EFEITO RAINHA VERMELHA

★ A visão de Darwin sobre a evolução implica que toda a teia da vida na Terra está constantemente equilibrada num estado instável, como uma pilha de areia em crescimento. Tudo no ecossistema tem de continuar evoluindo, para preservar seu próprio nicho, porque todo o resto está evoluindo. Isso é conhecido como o efeito Rainha Vermelha, da personagem de *Do outro lado do espelho*, de Lewis Carroll, que tem de correr o mais rápido que pode para poder ficar no mesmo lugar.

a Rainha Vermelha tem de se mover o mais rápido que puder para ficar no mesmo lugar

A cauda do pavão

A esplêndida cauda do pavão pode ter sido um resultado de instabilidade e do efeito Rainha Vermelha. Se – por qualquer razão – as pavoas começarem a favorecer pavões com grandes caudas, estes terão uma prole maior que seus irmão menos bem-dotados. Após muitas gerações, isso pode ter produzido as caudas que vemos hoje.

EQUILÍBRIO RESTAURADO

bem, ele não está me comendo

★ Para entender o que os biólogos querem dizer com o efeito Rainha Vermelha, pense em duas espécies diferentes vivendo lado a lado. Suponha que há sapos que comem um certo tipo de mosca, esticando as línguas. Se os sapos desenvolverem uma língua particularmente grudenta, eles serão bons na captura de moscas. Os sapos vão se dar bem, e as moscas mal, em termos evolutivos.

sapo

★ Mas se as moscas desenvolverem uma superfície corporal particularmente derrapante, conseguirão escapar mais facilmente da língua grudenta – e o balanço original será restaurado. Ambas as espécies evoluíram do modo que Darwin vislumbrou, mas nenhuma se beneficiou com o resultado. *No total, nada mudou. Ainda há o mesmo número de sapos, cada um comendo o mesmo número de moscas.*

ESTABILIDADE, DAÍ INSTABILIDADE

★ *O efeito Rainha Vermelha é evidenciado em tudo à nossa volta, o tempo todo – envolvendo muitas espécies em interação entre si e com o ambiente físico simultaneamente, não apenas pares de espécies.* Per Bak criou um modelo computacional desse tipo de comportamento. Como era esperado, a evolução competitiva encoraja a propagação dos indivíduos mais adaptados ao seu ambiente (incluindo o efeito das outras espécies sobre eles). *Porém, uma vez que se atinge a feliz situação em que todas as espécies estão bem adaptadas, o sistema fica instável – exatamente do mesmo modo que a pilha de areia.*

PADRÕES DE EXTINÇÃO

Quando Bak fez uma pequena mudança em seu modelo, removendo apenas uma espécie de seu ecossistema computacional, descobriu que, às vezes, isso produzia um pequeno efeito ondulatório enquanto a outra espécie se adaptava, em outras ocasiões produzia um grande efeito, e às vezes as ondulações se espalhavam dramaticamente – com muitas espécies desaparecendo e outras evoluindo para tomar seu lugar. ***Ele tinha produzido um modelo de equilíbrio pontuado, um modelo independente da escala, obedecendo à lei 1/f. O que faz essa descoberta tão especial é que se você olhar o registro fóssil e marcar quão freqüentemente ocorreram extinções de um determinado tamanho, você descobrirá que esse padrão também segue uma lei 1/f.***

o registro fóssil mostra os padrões de extinção

A TEIA DA VIDA

* De acordo com Bak, a vida na Terra é uma teia integrada – a falha de uma parte do sistema pode ter repercussões que afetam o sistema inteiro. Se as moscas de que os sapos se alimentam se tornassem muito boas em escapar, os sapos acabariam passando fome. Assim, os peixes que comem os ovos e girinos dos sapos também passariam fome. Os ursos que se alimentam de peixe ficariam famintos e começariam a comer (digamos) coelhos. E assim sucessivamente, numa série de ondulações cada vez maiores. Pode ocorrer que a mudança seja disparada por uma alteração no ambiente físico – um novo padrão de chuvas, ou uma explosão de atividade vulcânica, ou o que for. O ponto importante é que extinções de todos os tamanhos podem ser provocadas pelos *mesmos* eventos.

A escala não importa

Como para os terremotos, não há necessidade de uma teoria diferente para explicar extinções em diferentes escalas. Tudo o que você precisa é de algo que provoque uma pequena alteração na teia da vida, que pode ou não se espalhar. Pequenos meteoritos atingindo a Terra de quando em quando poderiam explicar as extinções do registro fóssil da vida em ***todas*** as escalas.

DINOSSAUROS, METEORITOS E CAOS

* Algumas pessoas acham que a extinção catastrófica que ocorreu há 65 milhões de anos foi causada pelo impacto de um meteorito vindo do espaço sobre a Terra. Como essa foi uma extinção particularmente grande, em que um número enorme de espécies (inclusive os dinossauros) morreu, é natural pensar que foi causada por um meteorito particularmente grande. Daí, é lógico admitir que extinções menores, em que apenas umas poucas espécies

morreram, podem ter sido causadas pelo impacto de meteoritos menores.

★ *Mas o que Bak descobriu é que pode não ter sido necessariamente assim. Mesmo um pequeno meteorito atingindo a Terra é capaz de provocar uma extinção em massa, exatamente como a adição de um único grão de areia à pilha em crescimento é capaz de disparar um colapso catastrófico. E isso ocorre pela mesma razão – porque os dois sistemas, a pilha de areia em crescimento e a vida na Terra, estão num estado de criticalidade auto-organizada, na fronteira do caos.*

A FRONTEIRA DO CAOS

Os modelos computacionais de Bak ainda não refletem a complexidade do mundo real. Muito mais trabalho tem de ser feito, baseado em sua descoberta. Mas pode significar que todas as intrigantes extinções do registro fóssil, os sinais de pontuação da evolução, são nada mais que o equivalente biológico de acrescentar outro grão de areia a uma pilha em estado crítico. Quando apenas uma ou duas espécies se extinguem, ou desenvolvem uma mutação que altera significativamente sua posição na teia da vida, os resultados podem ser de pequena escala, média escala, ou dramáticos. ***Porque a própria vida está equilibrada na fronteira do caos.***

Jim Lovelock

Jim Lovelock

Químico e inventor britânico, mais conhecido como proponente da hipótese Gaia, Lovelock também projetou instrumentos usados pela NASA na busca de vida em Marte, e os detectores altamente sensíveis que revelaram o modo como os CFCs se espalham pelo globo. Lovelock é aquele raro fenômeno, um cientista verdadeiramente independente. Desde 1964 ele vive da renda de suas invenções e de seus livros, enquanto desenvolve pesquisa fundamental em seu próprio laboratório, em sua casa no sul da Inglaterra.

A HIPÓTESE GAIA

*** A visão de Per Bak da vida na Terra como uma complexa teia de espécies interagentes, intimamente afetada por alterações no ambiente, fornece uma intrigante sustentação para a idéia de** Jim Lovelock **sobre a Terra como um único organismo vivo, chamado Gaia.**

UMA QUESTÃO DE ATMOSFERA

* Na década de 1970, quando trabalhava para a NASA nos experimentos projetados para buscar vida em Marte, ocorreu a Lovelock que a Terra é, de fato, um único superorganismo. Marte, ele argumentou, deve ser um planeta morto, pois está em um estado de equilíbrio químico, com uma atmosfera de dióxido de carbono inerte. ***A atmosfera do nosso planeta, por outro lado, que é rica em oxigênio, um gás altamente reagente, está em estado instável.***

EQUILIBRADA NA FRONTEIRA

pulmão

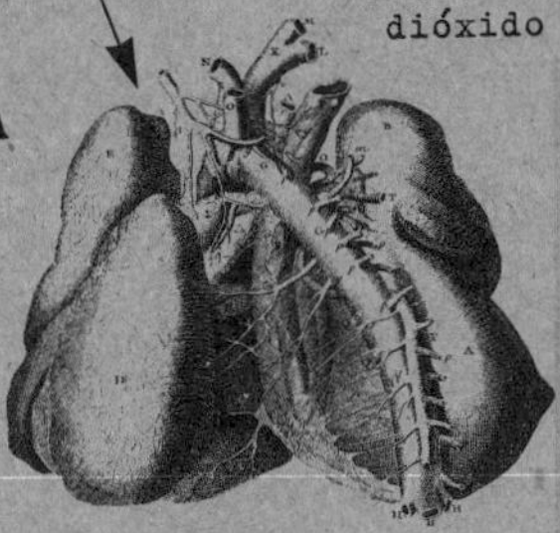

nós inspiramos oxigênio e o transformamos em dióxido de carbono

* A Terra é mantida neste estado – na fronteira do caos – pela vida, que tanto produz oxigênio quanto o consome. O processo pelo qual inspiramos oxigênio e o transformamos em dióxido de carbono é como um lenta combustão; e isso evita uma brutal conflagração do planeta, que ocorreria se o nível de oxigênio aumentasse.

a energia do Sol é o que sustenta a criticalidade auto-organizada da vida na Terra

* *Como a pilha de areia em crescimento, e todos os sistemas que envolvem criticalidade auto-organizada na fronteira do caos, a Terra inteira se "alimenta" de um fluxo de energia exterior, na forma de calor e luz vindos do Sol.*

O FIM DA FÍSICA?

Algumas pessoas alegam que o fim para a física está próximo, pois já descobrimos todas as regras simples com que o Universo funciona. Isso é como dizer que, porque você aprendeu as regras para movimentar peças de xadrez, já está pronto para enfrentar um grande mestre. ***A verdade é que, conforme nasce o século XXI, os físicos estão apenas começando a entender o Universo.*** Demorou pouco mais de 300 anos, do tempo de Isaac Newton aos dias atuais, para descobrir as regras do jogo. Agora, nós temos de aprender como jogá-lo, e reconhecer que a complexidade surge de princípios simples, num Universo regido por leis simples.

as plantas transformam dióxido de carbono em oxigênio

G

H

I

K

L

M

N

O

P